中等职业教育国家规划教材
全国中等职业教育教材审定委员会审定

可编程序控制器技术

第2版

主 编 戴一平
参 编 张 耀 柳 樑 劳顺康
主 审 孙 平

机械工业出版社

本书以三菱 FX2N 系列 PLC 为例，系统地介绍了可编程序控制器（PLC）的原理、特点、结构、指令系统和编程方法；介绍了 PLC 控制系统的设计、安装、调试和维护。本书主要内容包括：可编程序控制器的构成及工作原理、可编程序控制器的硬件系统、可编程序控制器的指令系统、可编程序控制器的应用、可编程序控制器网络等。书中对大量的单元程序和完整的控制系统实例进行了分析，以求做到举一反三、触类旁通；同时，对顺序控制中出现的各种控制要求给出解决思路和具体程序，使本书更加实用、更加贴近生产实践，也更加便于教学。书后附有三菱 FX2N 和欧姆龙 CP1H 两种机型的基本指令对照表、基于 Windows 的 PLC 编程软件使用说明和实验指导书。

本书是中等职业教育国家规划教材的修订版，可供中职中专、职业高中、技工学校等中等职业学校机电类专业作为教材使用，也可作为相关专业技术人员的培训教材或自学用书。

为了方便教学，本书配有免费电子教案，凡是选本书作为教材的单位可以登录 www.cmpedu.com 注册下载。

图书在版编目（CIP）数据

可编程序控制器技术/戴一平主编 .—2 版 .—北京：机械工业出版社，2010.10（2024.2 重印）
中等职业教育国家规划教材
ISBN 978-7-111-32179-8

Ⅰ.①可… Ⅱ.①戴… Ⅲ.①可编程序控制器—专业学校—教材 Ⅳ.①TM571.6

中国版本图书馆 CIP 数据核字（2010）第 196317 号

机械工业出版社（北京市百万庄大街 22 号　邮政编码 100037）
策划编辑：赵红梅　　责任编辑：赵红梅
版式设计：张世琴　　责任校对：张晓蓉
封面设计：鞠　杨　　责任印制：刘　媛
河北环京美印刷有限公司印刷
2024 年 2 月第 2 版第 25 次印刷
184mm×260mm・8.5 印张・209 千字
标准书号：ISBN 978-7-111-32179-8
定价：23.00 元

凡购本书，如有缺页、倒页、脱页，由本社发行部调换
电话服务　　　　　　　　　　　网络服务
服务咨询热线：010-88379833　　机 工 官 网：www.cmpbook.com
读者购书热线：010-88379649　　机 工 官 博：weibo.com/cmp1952
　　　　　　　　　　　　　　　 教育服务网：www.cmpedu.com
封面无防伪标均为盗版　　　　金 书 网：www.golden-book.com

中等职业教育国家规划教材出版说明

　　为了贯彻《中共中央国务院关于深化教育改革全面推进素质教育的决定》精神，落实《面向 21 世纪教育振兴行动计划》中提出的职业教育课程改革和教材建设规划，根据《中等职业教育国家规划教材申报、立项及管理意见》（教职成［2001］1 号）的精神，教育部组织力量对实现中等职业教育培养目标和保证基本教学规格起保障作用的德育课程、文化基础课程、专业技术基础课程和 80 个重点建设专业主干课程的教材进行了规划和编写，从 2001 年秋季开学起，国家规划教材将陆续提供给各类中等职业学校选用。

　　国家规划教材是根据教育部最新颁布的德育课程、文化基础课程、专业技术基础课程和 80 个重点建设专业主干课程的教学大纲编写而成的，并经全国中等职业教育教材审定委员会审定通过。新教材全面贯彻素质教育思想，从社会发展对高素质劳动者和中初级专门人才需要的实际出发，注重对学生的创新精神和实践能力的培养。新教材在理论体系、组织结构和阐述方法等方面均做了一些新的尝试。新教材实行一纲多本，努力为教材选用提供比较和选择，满足不同学制、不同专业和不同办学条件的教学需要。

　　希望各地、各部门积极推广和选用国家规划教材，并在使用过程中，注意总结经验，及时提出修改意见和建议，使之不断完善和提高。

教育部职业教育与成人教育司

第2版前言

《可编程序控制器技术》是2002年根据教育部颁发的中等职业学校《可编程序控制器原理及应用教学大纲》的要求编写的，是面向21世纪的中等职业教育国家规划教材。教材出版后，得到了广大读者的欢迎。

8年来，PLC技术又有了许多大的发展，网络技术应用更加普及，各种功能单元日趋完善，更加高效廉价的小型PLC相继推出；8年来，教学理念也有了很大的发展和变化，更加重视职业技能的培养，强调学科标准和职业标准的融合。

为适应技术发展和教学理念的更新，第2版在章节安排和内容上作了较大的调整，删除了一些已经过时的内容和一些关联性不大的附录，增加了新机型、新指令和新编程软件的介绍，增加了许多应用实例和典型的单元程序，增加了常用控制的设计方法，对顺序控制中出现的各种控制要求给出解决思路和具体程序，使教材更加实用、更加贴近生产实践，也更便于教学。

本书由柳樑（编写第一章）、戴一平（编写第二、三、四章）、张耀（编写第五章）、劳顺康（编写附录和实验部分）编写，由戴一平任主编，并对全书进行修改定稿。孙平教授审阅了全书，并提出了许多建设性的建议和修改意见。

教材再版过程中，得到了汤皎平高级工程师、朱玉堂高级工程师指点和帮助，在此表示衷心的感谢。

由于本书内容改动较多，编者水平有限，书中难免有错误和不妥之处，恳请使用本书的师生和广大读者给予批评指正，以便修正改进。主编的E-mail：dyp18@163.com。电话：(0571) 87773026，欢迎来信来电。

编　者

第1版前言

本书是根据教育部颁发的中等职业学校《可编程序控制器技术教学大纲》的要求编写的，是面向 21 世纪中等职业教育国家规划教材，可供中专、职高、技校相关专业的师生使用，也可作为技术人员和技工的培训教材或自学用书。

可编程序控制器（PLC）是集计算机技术、自动控制技术和通信技术的高新技术产品。因其具有功能完备、可靠性高、使用灵活方便等优点，已成为工业及各相关领域中发展最快、应用最广的控制装置。PLC 技术已成为现代控制技术的重要支柱之一。

1992 年，本书的三位作者合作编写了《可编程序控制器》讲义，用于 PLC 技术的教学和推广。在课程的开设和技术开发中，我们积累了不少教学和应用经验。在教材使用中，读者也提出了许多宝贵的意见。为了满足教学和培训的需要，在原讲义的基础上，结合近年来 PLC 技术的发展和教育部颁布教学大纲的要求，我们再次合作，编写了本书。

按照教学大纲的基本要求，本书坚持以能力为本位，既注重基础理论教学，又结合实际突出实践技能的培养。本书以一种典型的可编程序控制器为例，精选教学内容，合理编排教材结构，语言流畅，概念清楚，便于学习，易于入门，为日后的应用打下扎实的基础。

本书以目前我国工业控制中应用较多的日本三菱 FX2N 系列为主线，系统讲述了 PLC 的原理结构、指令系统、编程方法和控制系统设计。通过对典型机型的学习和使用，达到快速入门、学会应用，起到举一反三、触类旁通的效果。

全书共分五章，书后有附录和实验部分。第一章介绍了 PLC 的简史、流派、特点和发展，介绍了 PLC 的基本构成及工作原理、技术规格及分类；第二章介绍了 PLC 的硬件构成及具体的机型和实例；第三章详细介绍了 FX2N 指令的功能和编程方法；第四章以典型的顺序控制系统为例展开讨论，介绍了以 PLC 为核心的控制系统的设计和应用；第五章简要介绍了 PLC 网络的概念和组成。附录中选寻了 FX2N 指令系统和 OMRON C28P 基本指令对照表，FX – 20P 编程器使用说明，PLC 实验仪和基于 Windows 的编程软件，便于读者对照使用。实验共分六个部分，供学习指令系统和开发时使用。

本书由戴一平任主编，编写第二、三、四章、附录和实验部分，并对全书进行修改定稿，柳樑编写第一章，张耀编写第五章。

本书由上海交通大学朱承高教授级高级工程师、程君实教授审稿，两位教授仔细地阅读了原稿，并提出了许多建设性的建议和修改意见。对此，编者表示衷心的感谢。

在编写中，作者查阅和参考了多种书籍，从中得到许多教益和启示；在编写中，浙江机电职业技术学院电气工程系机电一体化教研室的教师对于教材的编写给予了大力的支持和热心的帮助，毕业班的同学帮助绘制了部分图表。在此，向各位作者、教师和同学致以诚挚的谢意。

由于编者水平有限，时间比较仓促，书中难免有错误和不妥之处，恳请使用本书的师生和广大读者给予批评指正，以便修正改进。主编的 E – mail 地址：dyp18@sina.com，电话：（0571）87773026。欢迎来信来电。

编　者

目 录

第 2 版前言
第 1 版前言
第一章 可编程序控制器的构成及工作
  原理 ·· 1
  第一节 PLC 概述 ································ 1
  第二节 PLC 的基本构成及工作原理 ········ 6
  第三节 PLC 的技术规格与分类 ············· 12
  习题 ··· 14
第二章 可编程序控制器的硬件系统 ··· 15
  第一节 FX 系列 PLC 简介 ···················· 15
  第二节 FX2N 系列 PLC ························ 17
  第三节 基本 I/O 单元 ·························· 20
  第四节 特殊扩展设备 ·························· 22
  习题 ··· 24
第三章 可编程序控制器的指令系统 ··· 26
  第一节 编程方式和软元件 ··················· 26
  第二节 基本指令系统 ·························· 30
  第三节 基本指令的应用 ······················· 41
  第四节 应用指令和步进指令 ················ 52
  习题 ··· 57
第四章 可编程序控制器的应用 ·········· 59
  第一节 控制系统的设计步骤和 PLC
    选型 ·· 59
  第二节 PLC 外围电路设计 ··················· 61
  第三节 控制程序设计 ·························· 67
  第四节 应用实例 ································ 82
  第五节 PLC 控制系统的安装、调试及
    维护 ·· 89
  习题 ··· 93
第五章 可编程序控制器网络 ·············· 95
  第一节 PLC 网络通信的基础知识 ········· 95
  第二节 典型 PLC 网络 ························ 98
  习题 ··· 101
附录 ·· 102
  附录 A FX2N 系列 PLC 的规格 ············ 102
  附录 B 三菱 FX2N 系列和欧姆龙 CP1H 系列
    常用指令对照表 ·························· 106
  附录 C FXGP/WIN－C 编程软件的
    应用 ·· 106
  附录 D GX Developer 编程软件的应用 ··· 113
  附录 E 实验部分 ································ 120
参考文献 ··· 130

第一章 可编程序控制器的构成及工作原理

可编程序控制器（Programmable Logic Controller）简称为 PLC，其外形如图 1-1 所示。

PLC 集微电子技术、计算机技术和通信技术于一体，是一种新型的控制器件，具有功能强、可靠性高、操作灵活、编程简单等一系列优点，广泛应用于机械制造、汽车、电力、轻工、环保、电梯等工农业生产和日常生活，受到广大用户的欢迎和重视。

本章在介绍 PLC 的发展、流派、特点、基本构成等概况的同时，着重介绍 PLC 的等效电路、工作原理以及技术规格与类别。

图 1-1 PLC 的外形

第一节 PLC 概述

一、PLC 的发展简史

PLC 的产生源于汽车制造业。

20 世纪 60 年代后期，汽车型号更新速度加快。原先的汽车制造生产线使用的继电—接触器控制系统，尽管具有原理简单、使用方便、操作直观、价格便宜等诸多优点，但由于它的控制逻辑由元器件的布线方式来决定，缺乏变更控制过程的灵活性，不能满足用户快速改变控制方式的要求，无法适应汽车换代周期迅速缩短的需要。

20 世纪 40 年代产生的电子计算机，在 20 世纪 60 年代已得到迅猛发展，虽然小型计算机已开始应用于工业生产的自动控制，但因为原理复杂，又需专门的程序设计语言，致使一般电气工作人员难以掌握和使用。

1968 年，美国通用汽车公司（GM）设想将继电器控制与计算机控制两者的长处结合起来，要求制造商为其装配线提供一种新型的通用程序控制器，并提出 10 项招标指标：

1）编程简单，可在现场修改程序。
2）维护方便，最好是插件式。
3）可靠性高于继电器控制柜。
4）体积小于继电器控制柜。
5）可将数据直接送入管理计算机。
6）在成本上可与继电器控制竞争。
7）输入可以是交流 115V（美国电网电压为 110V）。
8）输出为交流 115V、2A 以上，能直接驱动电磁阀。

9) 在扩展时，原系统只需作很小变更。
10) 用户程序至少能扩展到 4KB 以上。

这就是著名的 GM 10 条，其主要内容是：用计算机代替继电—接触器控制系统，用程序代替硬接线，输入/输出电平可与外部负载直接连接，结构易于扩展。如果说电气技术和计算机技术的发展是 PLC 出现的物质基础，那么，GM 10 条则是 PLC 诞生的创新思想。

1969 年，美国数字设备公司（DEC）按招标要求完成了研制工作，并在美国通用汽车公司的自动生产线上试用成功，从而诞生了世界上第一台可编程序控制器。

早期的 PLC 主要只是执行原先由继电器完成的顺序控制、定时等功能，故称为可编程逻辑控制器（PLC）。因其新颖的构思及在控制领域获得的巨大成功，使这项新技术立即得到迅速推广，美国、西欧、日本相继开始引进和研制，我国于 1977 年研制出第一台具有实用价值的 PLC。

从第一台 PLC 诞生至今，PLC 大致经历了四次更新换代，从以取代继电器为主的逻辑运算和计时、计数等功能的简单逻辑控制器发展到目前具有逻辑控制、过程控制、运动控制、数据处理、联网通信等多功能的控制设备，实现了量和质的飞跃。此外，PLC 开始采用标准化软件系统，增加高级语言编程，并完成了编程语言的标准化工作。人们高度评价它，并将 PLC 视为现代工业自动化的三大支柱之一。

从其发展可见，PLC 早已不是初创时的逻辑控制器了，它确切的名称应为 PC（Programmable Controller）。但鉴于"PC"这个缩写业已成为个人计算机（Personal Computer）的专用名词，为避免学术名词的混淆，因此现在仍沿用 PLC 来表示可编程序控制器。

二、PLC 的定义

国际电工委员会（IEC）分别于 1982 年 11 月、1985 年 1 月和 1987 年 2 月发布了可编程序控制器标准草案第一、二、三稿，在第三稿中作了如下定义：

"可编程序控制器是一种数字运算操作的电子系统，专为工业环境下应用而设计。它采用了可编程序的存储器，用于在其内部存储执行逻辑运算、顺序控制、定时、计数和算术运算等面向用户的指令，并通过数字式或模拟式的输入和输出，控制各类型的机械或生产过程。可编程序控制器及其相关外部设备，都应按易于与工业控制系统联成一个整体、易于扩充其功能的原则设计。"

由此可见，可编程序控制器是一种专为工业环境应用而设计制造的计算机，它具有丰富的输入/输出接口，并且具有较强的负载驱动能力。

三、PLC 的几种流派

由于 PLC 的显著优点，它一经诞生，立即受到美国国内其他公司和世界上各工业发达国家的高度关注。从 20 世纪 70 年代初开始，在 40 年的时间里，PLC 的生产已发展成一个巨大的产业。

PLC 厂家众多，而且相互不兼容，给广大的 PLC 用户在学习、选择、使用、开发等诸方面都带来了不少困难。为了寻求克服这些困难的途径，PLC 产品可按地域划作三种流派。由于同一地域的 PLC 产品相互借鉴较多、互相影响较大、技术渗透较深，且面临的主要市场相同、用户要求接近，因此同一流派的 PLC 产品呈现出较多的相似性，而不同流派的 PLC 产品则差异明显。

按地域分成的三大流派是美国产品、欧洲产品和日本产品。美国和欧洲的 PLC 技术是在相互隔离情况下独立研究开发的,因此美国和欧洲的 PLC 产品有明显的差异性。而日本的 PLC 技术是由美国引进的,对美国的 PLC 产品有一定的继承性,经多年的开发,已形成独立的一派。

(1) 美国的 PLC 产品　美国是 PLC 的生产大国,目前美国已注册的 PLC 生产厂家超过 100 家,著名的有 A – B 公司、通用电气(GE)公司、莫迪康(MODICON)公司、德州仪器(TI)公司等。

(2) 欧洲的 PLC 产品　欧洲有数十家已注册的 PLC 生产厂家,著名的有德国西门子(SIEMENS)公司、AEG 公司、法国施耐德(SCHNEIDER)公司等。

(3) 日本的 PLC 产品　日本也有数十家 PLC 厂商,生产多达 200 余种 PLC 产品,产品以欧姆龙(OMRON)公司的 C 系列和三菱公司的 F 系列为代表,两者在硬、软件方面有不少相似之处。

将地域作为 PLC 产品流派划分的标准并不十分科学。但广大用户可从"同一流派的 PLC 产品呈现出较多的相似性,而不同流派的 PLC 产品则差异明显"的特征,得出其中的实用价值:广大 PLC 用户完全不必在众多的 PLC 产品面前一筹莫展,而可以在每一流派中,从在我国最具影响力、最具代表性的 PLC 产品入手,相对比较容易地对该流派中的 PLC 产品举一反三、触类旁通。本书以三菱公司的 FX2N 系列为例,介绍 PLC 的原理及应用,读者可以此为入门引导,在实践中继续深入学习。

四、PLC 控制与继电器控制的区别

可编程序控制器既然替代继电—接触器控制,那么两者相比较,到底有何区别呢?

图 1-2 示出了两张简单的控制电路图,其中图 1-2a 为继电器控制电路图,图 1-2b 则为 PLC 梯形图。

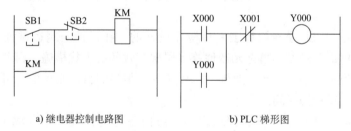

a) 继电器控制电路图　　　　b) PLC 梯形图

图 1-2　控制电路比较

从图中可以看出,PLC 梯形图和继电器控制电路的符号基本类似,结构形式基本相同,所反映的输入、输出逻辑关系也基本一致。它们之间的最大区别在于,在继电器控制方案中,输入、输出信号间的逻辑关系是由实际的布线来实现的;在 PLC 控制方案中,输入、输出信号间的逻辑关系则是由存储在 PLC 内的用户程序(梯形图)来实现的。具体讲有以下区别:

(1) 组成器件不同　继电器控制电路中的继电器是真实的,是由硬件构成的;而 PLC 梯形图中的继电器则是虚拟的,是由软件构成的,每个继电器其实是 PLC 内部存储单元中的一位,故称为"软继电器"。

(2) 触点情况不同　继电器控制电路中的动合、动断触点由实际的结构决定,而 PLC 梯形图中触点状态则由软件决定,即由存储器中相应位的状态"1"或"0"决定。因此,继电器控制电路中每只继电器的触点数量是有限的,而 PLC 中每只软继电器的触点数量则

是无限的（每使用一次，只相当对该存储器中相应位读取一次）；继电器控制电路中的触点寿命是有限的，而PLC中各软继电器的触点寿命则长得多（取决于存储器的寿命）。

（3）工作电流不同　继电器控制电路中有实际电流存在，是可以用电流表直接测得的；而PLC梯形图中的工作电流是一种信息流，其实质是程序的运算过程，可称之为"软电流"，或称"能流"。

（4）接线方式不同　继电器控制电路图的所有接线都必须逐根连接，缺一不可；而PLC控制中的接线，除输入端、输出端需实际接线外，梯形图中的所有软接线都是通过程序的编制来完成的。由于接线方式的不同，在改变控制顺序时，继电器控制电路必须改变其实际的接线，而PLC则仅需修改程序，通过软件加以改接，其改变的灵活性及其速度，是继电器控制电路无法比拟的。

（5）工作方式不同　继电器控制电路中，当电源接通时，各继电器都处于受约状态，该吸合的都吸合，不该吸合的因受某种条件限制而不吸合；PLC控制则采用循环扫描执行方式，即从第一阶梯形图开始，依次执行至最后一阶梯形图，再从第一阶梯形图开始继续往下执行，周而复始，因此从激励到响应有一个时间的滞后。

通过比较可以看出，PLC的最大特点是：用软件提供了一个能随要求迅速改变的"接线网络"，使整个控制过程能根据需要灵活地改变，从而省去了传统继电—接触器控制系统中拆线、接线的大量繁琐费时的工作。

五、PLC的主要优点

综上可见，PLC有如下一些主要优点：

（1）编程简单　PLC用于编程的梯形图与传统的继电—接触器控制电路图有许多相似之处，对于具有一定电工知识和文化水平的人员，都可以在较短的时间内学会编制程序的步骤和方法。

（2）可靠性高　PLC是专门为工业环境而设计的，在设计与制造过程中均采用了诸如屏蔽、滤波、隔离、无触点、精选元器件等多层次有效的抗干扰措施，因此可靠性很高，其平均无故障时间为2万小时以上。此外，PLC还具有很强的自诊断功能，可以迅速方便地检查判断出故障，缩短检修时间。

（3）通用性好　PLC品种多，档次也多，可由各种组件灵活组合成不同的控制系统，以满足不同的控制要求。同一台PLC只要改变软件即可实现控制不同的对象或满足不同的控制要求。在构成不同的PLC控制系统时，只需在PLC的输入/输出端子上接入相应的输入/输出元件，PLC就能接收输入信号和输出控制信号。

（4）功能强　PLC能进行逻辑、定时、计数和步进等控制，能完成A/D与D/A转换、数据处理和通信联网等任务，具有很强的功能。随着PLC技术的迅猛发展，各种新的功能模块不断得到开发，使PLC的功能日益齐全，应用领域也得以进一步拓展。

（5）易于远程监控　目前已形成成熟的PLC三层网络，设备层能实现对底层设备的控制、信息采集和传输；控制层能对中间层的各控制器进行数据传输和控制；信息层则对多层网络的信息进行操作与处理。

（6）设计、施工和调试周期短　PLC以软件编程来取代硬件接线，构成控制系统结构简单，安装使用方便，而且商品化的PLC模块功能齐全，程序的编制、调试和修改也很方便，因此可大大缩短PLC控制系统的设计、施工和投产周期。

六、PLC 的应用

PLC 在国内外已广泛应用于冶金、采矿、水泥、石油、化工、电力、机械制造、汽车、轻工、环保及娱乐等行业，应用类型大致可分为如下几种控制领域。

（1）逻辑控制　逻辑控制是 PLC 的最基本应用，主要利用 PLC 的逻辑运算、定时、计数等基本功能实现，可取代传统的继电—接触器控制，用于单机、多机群、自动生产线等的控制。例如：机床、注塑机、印刷机、装配生产线、电镀流水线及电梯的控制等。这是 PLC 最基本、最广泛的应用领域。

（2）位置控制和运动控制　用于该类控制的 PLC，具有驱动步进电动机或伺服电动机的单轴或多轴位置控制功能模块。PLC 将描述目标位置和运动参数的数据传送给功能模块，然后由功能模块以适当的速度和加速度，确保单轴或数轴的平滑运行，在设定的轨迹下移动到目标位置。

（3）过程控制　用于该类控制的 PLC，具有多路模拟量输入/输出单元，有的还具有 PID 模块，因此 PLC 可通过对模拟量的控制实现过程控制，具有 PID 模块的 PLC 还可构成闭环控制系统，从而实现单回路、多回路的调节控制。

（4）监控系统　可用 PLC 组成监控系统，进行数据采集和处理，监控生产过程。操作人员在监控系统中，可通过监控命令，监控有关设备的运行状态，根据需要及时调整计时、计数等设定值，极大地方便了调试和维护。

（5）集散控制　PLC 和 PLC 之间，PLC 和上位计算机之间可以联网，通过电缆或光缆传送信息，构成多级分布式控制系统，以实现集散控制。

可以预料，随着 PLC 性能的不断提高，PLC 会进一步推广、普及，PLC 的应用领域还将不断拓展。

七、PLC 的发展趋势

随着可编程序控制器的推广、应用，PLC 在现代工业中的地位已十分重要。为了占领市场，赢得尽可能大的市场份额，各大公司都在原有 PLC 产品的基础上，努力地开发新产品，推进了 PLC 的发展。这些发展主要侧重于两个方面：一个是向着网络化、高可靠性、多功能方向发展；另一个则是向着小型化、低成本、简单易用方向发展。

（1）网络化　主要是向分布式控制系统（DCS）方面发展，使系统具有 DCS 方面的功能。网络化和强化通信功能是 PLC 近年来发展的一个重要方向，向下可与多个 PLC 控制站、多个 I/O 框架相连；向上可与工业计算机、以太网、MAP 网等相连，构成整个工厂的自动化控制系统。

（2）高可靠性　由于控制系统的可靠性日益受到人们的重视，PLC 已将自诊断技术、冗余技术、容错技术广泛地应用于现有产品中，许多公司已推出了高可靠性的冗余系统。

（3）多功能　为了适应各种特殊功能的需要，在原有智能模块的基础上，各公司陆续推出了新的功能模块，功能模块的新颖和完备表征了一个生产厂家的实力强弱。

（4）小型化、低成本、简单易用　随着市场的扩大和用户投资规模的不同，许多公司重视小型化、低成本、简单易用的系统。世界上已有不少原来只生产中、大型 PLC 产品的厂家，正在逐步推出这方面的产品。

（5）控制与管理功能一体化　为了满足现代化大生产的控制与管理的需要，PLC 将广泛采用计算机信息处理技术、网络通信技术和图形显示技术，使 PLC 系统的生产控制功能和信息管理功能融为一体。

（6）编程语言向高层次发展　PLC 的编程语言在原有的梯形图语言、顺序功能块语言和指令语言的基础上不断丰富，并向高层次发展。目前，在国际上生产 PLC 知名厂家的大力支持下，共同开发与遵守 PLC 的标准语言。这种标准语言，希望把程序编制规范到某种标准语言的形式上来，有利于 PLC 硬件和软件的进一步开发利用。

第二节　PLC 的基本构成及工作原理

一、PLC 的基本构成

小型 PLC 的基本组成如图 1-3 所示。

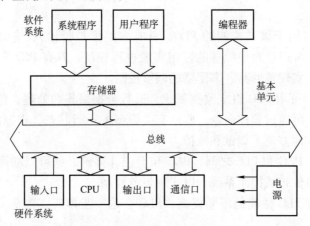

图 1-3　小型 PLC 的基本组成

PLC 的基本组成可分为两大部分：硬件系统和软件系统。

（一）硬件系统

硬件系统是指组成 PLC 的所有具体的设备，其基本单元主要由中央处理器（CPU）、总线、存储器、输入/输出（I/O）口、通信接口和电源等部分组成，此外还有编程器、扩展设备、EPROM 读/写板和打印机等选配的设备。为了维护、修理的方便，许多 PLC 采用模块化结构。由中央处理器、存储器组成主控模块，输入单元组成输入模块，输出单元组成输出模块，三者通过专用总线构成主机，并由电源模块对其供电。

1. 中央处理器（CPU）

CPU 是 PLC 的核心部件，控制所有其他部件的操作。CPU 一般由控制电路、运算器和寄存器组成。这些电路一般都集成在一个芯片上。CPU 通过地址总线、数据总线和控制总线与存储单元、输入/输出（I/O）单元连接。和一般的计算机一样，CPU 的主要功能是：从存储器中读取指令，执行指令，准备取下一条指令和中断处理。其主要任务是：接收、存储由编程工具输入的用户程序和数据，并通过显示器显示出程序的内容和存储地址；检查、校验用户程序；接收、调用现场信息；执行用户程序和故障诊断。

2. 总线

总线是为了简化硬件电路设计和系统结构，用一组线路配置以适当的接口电路，使 CPU 与各部件和外围设备连接的共用连接线路。总线分为内部总线、系统总线和外部总线。

内部总线是计算机内部各外围芯片与处理器之间的总线，用于芯片一级的互连；而系统总线是计算机中各插件板与系统板之间的总线，用于插件板一级的互连；外部总线则是计算机和外部设备之间的总线。从传送的信息看又可分为地址总线、控制总线和数据总线。

3. 存储器

存储器是具有记忆功能的半导体器件，用于存放系统程序、用户程序、逻辑变量和其他信息。根据存放信息的性质不同，在 PLC 中常使用以下类型的存储器：

（1）只读存储器（ROM） 只读存储器中的内容由 PLC 制造厂家写入，并永久驻留，PLC 掉电后，ROM 中内容不会丢失，用户只能读取，不能改写，因此 ROM 中存放系统程序。

（2）随机存储器（RAM） 随机存储器又称为可读/写存储器。信息读出时，RAM 中的内容保持不变；写入时，新写入的信息覆盖原来的内容。它用来存放既要读出、又要经常修改的内容。因此 RAM 常用于存入用户程序、逻辑变量和其他一些信息。掉电后，RAM 中的内容不再保留，为了防止掉电后 RAM 中的内容丢失，PLC 使用锂电池作为 RAM 的备用电源，在 PLC 掉电后，RAM 由电池供电，保持存储在 RAM 中的信息。目前，很多 PLC 采用快闪存储器作用户程序存储器，快闪存储器可随时读/写，掉电时数据不会丢失，不需用后备电池保护。

（3）可擦可编程只读存储器（EPROM、EEPROM） EPROM 是只读存储器，失电后，写入的信息不丢失，但要改写信息时，必须先用紫外线擦除原信息，才能重新改写。一些小型的 PLC 厂家也常将系统程序驻留在 EPROM 中，用户调试好的用户程序也可固化在 EPROM 中。EEPROM 也是只读存储器，不同的是写入的信息用电擦除。

4. 输入/输出（I/O）单元

I/O 单元是 PLC 进行工业控制的输入信号与输出控制信号的转换接口。需要将控制对象的状态信号通过输入接口转换成 CPU 的标准电平，将 CPU 处理结果输出的标准电平通过输出接口转换成执行机构所需的信号形式。为确保 PLC 的正常工作，I/O 单元应具有如下功能：

1）能可靠地从现场获得有关的信号，能对输入信号进行滤波、整形、变换成控制器可接受的电平信号，输入电路应与控制器隔离。

2）把控制器的输出信号转换成有较强驱动能力的、执行机构所需的信号，输出电路也应与控制器隔离。

5. 通信口

为了实现"人-机"或"机-机"之间的对话，PLC 配有通用 RS-232、RS-422/485、USB 通信接口和多种专用通信接口，通过这些通信接口可以与监视器、打印机、其他的 PLC 或计算机相连。PLC 还备有扩展接口，用于将扩展单元与基本单元相连，使 PLC 的配置更加灵活，为了满足更加复杂的控制功能的需要，PLC 配有多种智能 I/O 接口。

6. 电源

小型整体式 PLC 内部有一个开关式稳压电源，该电源一方面可为 CPU 板、I/O 板及扩展单元供电，另一方面也为外部输入元件提供 24V 直流电源输出。电源的性能好坏直接影响到 PLC 的可靠性，因此在电源隔离、抗干扰、功耗、输出电压波动范围和保护功能等方面都提出了较高的要求。

（二）软件系统

软件系统是指管理、控制、使用 PLC，确保 PLC 正常工作的一整套程序。这些程序有来自 PLC 生产厂家的，也有来自用户的。一般称前者为系统程序，称后者为用户程序。系统程序是指控制和完成 PLC 各种功能的程序，它侧重于管理 PLC 的各种资源、控制各硬件的正常动作，协调各硬件组成间的关系，以便充分发挥整个可编程序控制器的使用效率，方便广大用户的直接使用。系统程序质量的好坏，很大程度上决定了 PLC 的性能，主要由系统管理程序、用户指令解释程序、标准程序模块与系统调用程序三部分组成。用户程序是指使用者根据生产工艺要求编写的控制程序，它侧重于使用，侧重于输入、输出之间的控制关系。用户程序的编辑、修改、调试监控和显示由编程器或安装了编程软件的计算机通过通信口完成。

二、PLC 控制的等效电路

为了理解 PLC 的工作原理，现以一个最简单的电动机控制电路为例，说明其工作方式及原理。

一个三相异步电动机起动、停止控制电路如图 1-4 所示。其中图 a 是主电路，图 b 是控制电路。

在控制电路中，输入信号通过按钮 SB1 动合触点、按钮 SB2 动断触点和热继电器动断辅助触点发出，输出信号则由交流接触器的线圈 KM 发出。

在主电路 QS 闭合的前提下，一旦控制电路中线圈 KM 得电，则使主电路中动合主触点 KM 合上，电动机旋转；若控制电路中线圈 KM 失电，则主电路中动合主触点 KM 断开，电动机就停转。显然，输入、输出信号间的逻辑关系由控制电路实现，而主电路中的三相异步电动机则是被控对象。

当控制电路中 SB1 闭合，发出起动信号后，线圈 KM 得电，主电路中动合主触点 KM 闭合，电动

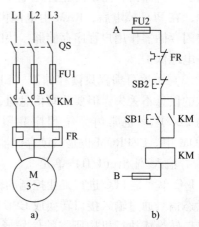

图 1-4 三相异步电动机起动、停止控制电路
a) 主电路 b) 控制电路

机得电起动运转；同时控制电路中的辅助触点 KM 闭合，由于该触点与 SB1 并联，形成"或"逻辑关系，因此即使此时 SB1 断开，线圈 KM 仍然得电，电动机也继续运转。在控制电路中，SB2 的动断触点与线圈 KM 串联，形成"与"逻辑关系，因此当控制电路中 SB2 动断触点断开时，线圈 KM 失电，主电路中主触点 KM 断开，电动机失电停转。若电动机过载时，主电路中的热继电器动作，控制电路中的动断辅助触点 FR 断开，线圈 KM 失电，主电路中主触点 KM 断开，电动机失电停转，以实现对电动机的保护，这也是一种"与"逻辑关系。

上述图中的控制电路，可用 PLC 实现，如图 1-5 所示。

图 1-5 中 X000、X001、X002 为 PLC 的输入端，Y000 为 PLC 的输出端，PLC 接收输入端的信号后，通过执行存储在 PLC 内的用户程序，实现输入、输出信号间的逻辑关系，并根据逻辑运算的结果，通过输出端完成控制任务。

从图 1-5 中可以看出，PLC 控制系统中，接在输入端向 PLC 输入信号的器件与继电器系统基本相同，接在输出端接受 PLC 输出信号的器件也与继电器系统基本相同。两者不同

的是：PLC 中输入、输出信号间的逻辑关系——控制功能是由存储在 PLC 内的软接线（用户程序）决定的，而继电器控制电路中，其输入、输出信号间的逻辑关系——控制功能，则是由实际的布线来实现的。由于 PLC 采用软件建立输入、输出信号间的控制关系，因此就能灵活、方便地通过改变用户程序以实现控制功能的改变。

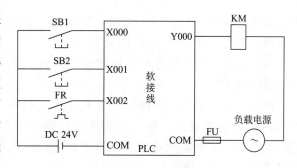

图 1-5　PLC 控制系统

下面把图 1-5 中 PLC 方框中的"软接线"的内容都画出来，可得到 PLC 控制系统的等效电路图，如图 1-6 所示。

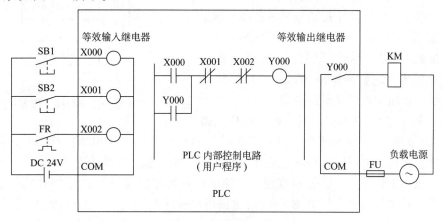

图 1-6　PLC 控制系统的等效电路图

图 1-6 中的 X000、X001、X002 可以理解为"输入继电器"，Y000 则可以理解为"输出继电器"，当然它们都是"软继电器"。

说明：为了区分软继电器和硬继电器，本书中的硬继电器触点按照国家标准称为"动合触点"或"动断触点"，其图形符号仍按国家标准绘制；而软继电器触点则称为"常开触点"或"常闭触点"，其中常开触点用 ╂ 表示，常闭触点用 ╂ 表示；这里的线圈暂时用 ─○─ 表示，为了和即将介绍的编程软件一致，今后的线圈用 ─( )─ 表示。这样的称呼和表示，目的是为了便于读者学习。

三、PLC 的工作原理

（一）PLC 的工作方式

PLC 运行时，需要进行大量的操作，这迫使 PLC 中的 CPU 只能根据分时操作的方式，按一定的顺序，每一时刻执行一个操作，按顺序逐个执行。这种分时操作的方式，称为 CPU 的扫描工作方式，是 PLC 进行实时控制的常用的一种方式。当 PLC 运行时，在经过初始化后，即进入扫描工作方式，且周而复始地重复进行，因此称 PLC 的工作方式为循环扫描工作方式。

PLC 整个循环扫描工作方式可用图 1-7 的流程图表示。

很容易看出，PLC 在初始化后，进入循环扫描。PLC 一次扫描的过程，包括内部处理、通信服务、输入采样、程序处理、输出刷新共五个阶段，其所需时间称为扫描周期。显然，PLC 的扫描周期应与用户程序的长短和该 PLC 的扫描速度紧密相关。

PLC 在进入循环扫描前的初始化，主要是将所有内部继电器复位，输入、输出暂存器清零，定时器预置，识别扩展单元等。以保证它们在进入循环扫描后的，能正确无误地工作。

进入循环扫描后，在内部处理阶段，PLC 自行诊断内部硬件是否正常，并把 CPU 内部设置的监视定时器自动复位等。PLC 在自诊断中，一旦发现故障，PLC 将立即停止扫描，显示故障情况。

在通信服务阶段，PLC 与上、下位机通信，与其他带微处理器的智能装置通信，接受并根据优先级别处理来自它们的中断请求；响应编程器键入的命令，更新编程器显示的内容等。

图 1-7　PLC 整个循环扫描工作方式的流程图

当 PLC 处于停止（STOP）状态时，PLC 只循环完成内部处理和通信服务两个阶段的工作；当 PLC 处于运行（RUN）状态时，则循环完成内部处理、通信服务、输入采样、程序执行、输出刷新五个阶段的工作。

循环扫描的工作方式，既简单直观，又便于用户程序的设计，且为 PLC 的可靠运行提供了保障。这种工作方式，使 PLC 一旦扫描到用户程序某一指令，经处理后，其处理结果就可立即被用户程序中后续扫描到的指令所应用；而且 PLC 可通过 CPU 内部设置的监视定时器，监视每次扫描是否超过规定时间，以便有效地避免因 CPU 内部故障，导致程序进入死循环的情况。

（二）PLC 程序执行的过程

根据上述 PLC 的工作过程，可以得出从输入端子到输出端子的信号传递过程，如图 1-8 所示。

可以看出，PLC 程序执行的过程分为输入采样阶段、程序处理阶段、输出刷新阶段三个阶段。

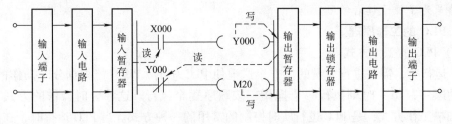

图 1-8　信号传递过程

1. 输入采样阶段（简称"读"）

在这一阶段，PLC 读入所有输入端子的状态信息，并将各状态存入输入暂存器，此时输入暂存器被刷新。在后两个程序处理阶段和输出刷新阶段中，即使输入端子的状态发生变化,输入暂存器所存的内容也不会改变。这充分说明输入暂存器的刷新仅仅在输入采样阶段完成,输入端状态的每一次变化,只有在一个扫描周期的输入采样阶段才会被读入。

2. 程序处理阶段(简称"算")

在这一阶段,PLC 按从左至右、自上而下的顺序,对用户程序的指令逐条扫描、运算。当遇到跳转指令时,则根据跳转条件满足与否,决定是否跳转及跳转到何处。在处理每一条用户程序的指令时,PLC 首先根据用户程序指令的需要,从输入暂存器或输出暂存器中读取所需内容,然后进行算术逻辑运算,并将运算结果写入输出暂存器中。可以看出,在这一阶段,随着用户程序的逐条扫描、运算,输出暂存器中所存放的信息会不断地被刷新;而当用户程序扫描、运算结束之时,输出暂存器中所存放的信息,应是 PLC 本周期处理用户程序后的最终结果。

3. 输出刷新阶段(简称"写")

在这一阶段,输出暂存器将上一阶段中最终存入的内容,转存入输出锁存器中。而输出锁存器所存入的内容,作为 PLC 输出的控制信息,通过输出端去驱动输出端所接的外部负载。由于输出锁存器中的内容,是 PLC 在一个扫描周期中对用户程序进行处理后的最终结果,因此外部负载所获得的控制信息,应是用户程序在一个扫描周期中被扫描、运算后的最终信息。

应当强调,在程序处理阶段,PLC 根据用户程序每条指令的需要,以输入暂存器和输出暂存器所寄存的内容作为条件,进行运算,并将运算结果作为输出信号,写入输出暂存器。而输入暂存器中的内容取决于本周期输入采样阶段时,采样脉冲到来前各输入端的状态;通过输出锁存器传送至输出端的信号,则取决于本周期输出刷新阶段前最终写入输出暂存器的内容。

程序执行的过程因 PLC 的机型不同而略有区别。如有的 PLC,输入暂存器的内容除了在输入采样阶段刷新以外,在程序处理阶段,也间隔一定时间予以刷新。同样,有的 PLC,输出锁存器除了在输出刷新阶段刷新以外,在程序处理阶段,凡是程序中有输出指令的地方,该指令执行后就立即进行一次输出刷新。有的 PLC,还专门为此设有立即输入、立即输出指令。这些 PLC 在循环扫描工作方式的大前提下,对于某些急需处理、响应的信号,采用了中断处理方式。

从上述分析可知,当 PLC 的输入端有一个输入信号发生变化,到 PLC 输出端对该变化作出响应,需要一段时间,这段时间称作响应时间或滞后时间,这种现象则称为 PLC 输入/输出响应的滞后现象。这种滞后现象产生的原因,虽然是由于输入滤波器有时间常数,输出继电器有机械滞后等,但最主要的,还是来自于 PLC 按周期进行循环扫描的工作方式。

由于 CPU 的运算处理速度很快,因此 PLC 的扫描周期都相当短,对于一般工业控制设备来说,这种滞后还是完全可以允许的。而对于一些输入/输出需要作出快速响应的工业控制设备,PLC 除了在硬件系统上采用快速响应模块,高速计数模块等以外,也可在软件系统上采用中断处理等措施,来尽量缩短滞后时间。同时,用户在程序语句的编写安排上,也是完全可以挖掘潜力的。因为 PLC 循环扫描过程中,占机时间最长的是用户程序的处理阶段,所以,对于一些大型的用户程序,如果用户能将它编写得简略、紧凑、合理,也将有助于缩短滞后时间。

第三节 PLC 的技术规格与分类

一、PLC 的一般技术规格

PLC 的一般技术规格，主要指的是 PLC 所具有的电气、机械、环境等方面的规格。各厂家的项目各不相同。大致有如下项目：

（1）电源电压　PLC 所需要外接的电源电压，通常分为交流、直流两种电源形式。

（2）允许电压范围　PLC 外接电源电压所允许的波动范围，也分为交流、直流电源两种形式。

（3）消耗功率　指 PLC 所消耗的电功率的最大值。与上面相对应，分为交流、直流电源两种形式。

（4）冲击电流　PLC 能承受的冲击电流的最大值。

（5）绝缘电阻　交流电源外部所有端子与外壳端子间的绝缘电阻。

（6）耐压　交流电源外部所有端子与外壳端间，1 分钟内可承受的交流电压的最大值。

（7）抗干扰性　PLC 可以抵抗的干扰脉冲的峰－峰值、脉宽、上升沿。

（8）抗振动　PLC 能抵御的振动的频率、振幅、加速度及在 X、Y、Z 三个方向的时间。

（9）耐冲击　PLC 能承受的冲击力的强度及 X、Y、Z 三个方向上的次数。

（10）环境温度　使用 PLC 的温度范围。

（11）环境湿度　使用 PLC 的湿度范围。

（12）环境气体状况　使用 PLC 时，是否允许周围有腐蚀气体等方面的气体环境要求。

（13）保存温度　保存 PLC 所需的温度范围。

（14）电源保持时间　PLC 要求电源保持的最短时间。

二、PLC 的基本技术性能

PLC 的技术性能，主要是指 PLC 所具有的软、硬件方面的性能指标。由于各厂家的 PLC 产品的技术性能均不相同，且各具特色，因此不可能一一介绍，只能介绍一些基本的技术性能。

（1）输入/输出控制方式　指在循环扫描及其他的控制方式，如即时刷新、直接输出等。

（2）编程语言　指编制用户程序时所使用的语言。

（3）指令长度　一条指令所占的字数或步数。

（4）指令种类　PLC 具有的基本指令、特殊指令的数量。

（5）扫描速度　一般以执行 1000 步指令所需时间来衡量，故单位为 ms/k；有时也以执行一步的时间计，如 μs/步。

（6）程序容量　PLC 对用户程序的最大存储容量。

（7）最大 I/O 点数　用本体、扩展，分别表示在不带扩展、带扩展两种情况下的最大 I/O 总点数。

（8）内部继电器种类及数量　PLC 内部有许多软继电器，用于存放变量状态、中间结果、数据、计数、计时等，可供用户使用，其中一些还给用户提供许多特殊功能，以简化用户程序的设计。

(9) 特殊功能模块　特殊功能模块可完成某一种特殊的专门功能，它们数量的多少、功能的强弱，常常是衡量 PLC 产品水平高低的一个重要标志。

(10) 模拟量　可进行模拟量处理的点数。

(11) 中断处理　可接受外部中断信号的点数及响应时间。

三、PLC 的分类

PLC 的种类很多，使其在实现的功能、内存容量、控制规模、外形等方面都存在较大的差异，因此，PLC 的分类没有一个严格、统一的标准，而是按 I/O 总点数、组成结构、功能，进行大致的分类。

1. 按 I/O 总点数分类

通常可分为小型、中型、大型三种。

(1) 小型 PLC　I/O 总点数为 256 点及其以下的 PLC。

(2) 中型 PLC　I/O 总点数超过 256 点，且在 2048 点以下的 PLC。

(3) 大型 PLC　I/O 总点数为 2048 点及其以上的 PLC。

当然，还有把 I/O 总点数少于 32 点的 PLC 称为微型或超小型 PLC，而把 I/O 总点数超过万点的 PLC 称为超大型 PLC。

此外，不少 PLC 生产企业，根据自己生产的 PLC 产品的 I/O 总点数情况，也存在着企业内部的划分标准。应当指出，目前国际上对于 PLC 按 I/O 总点数分类，并无统一的划分标准，而且可以预料，随着 PLC 向两极发展，按 I/O 总点数划分类别的目前流行的上述标准，也势必会出现一些变化。

2. 按组成结构分类

通常可分为整体式、模块式两类。

(1) 整体式 PLC　整体式 PLC 是将中央处理单元、存储器、I/O 单元、电源等硬件都装在一个机箱内的 PLC。整体式 PLC 也可由包含一定 I/O 点数的基本单元（称主机）和含有不同功能的扩展单元构成。这种 PLC 具有结构紧凑、体积小、价格低廉等优点，但维修不如模块式方便。这种结构的 PLC，较多见于微型、小型机。

(2) 模块式 PLC　模块式 PLC 是将 PLC 的各部分分成若干个单独的模块，如将 CPU、存储器组成主控模块，将电源组成电源模块，将若干输入点组成输入模块，若干输出点组成输出模块，将某项的功能专门制成一定的功能模块等。模块式 PLC，由用户自行选择所需要的模块，安插在框架或底板上构成。这种 PLC 具有配置灵活、装配方便、便于扩展、维修等优点，较多用于中型、大型 PLC。由于其输入、输出模块可根据实际需要任意选择，组合灵活，维修方便，因此目前也有一些小型机采用模块式。

近期，也出现了把整体式、模块式两者长处结合为一体的一种 PLC 结构，即所谓的叠装式 PLC。其 CPU 和存储器、电源、I/O 单元等依然是各自独立的模块，但它们之间通过电缆进行连接，且可一层层地叠装，既保留了模块式可灵活配置之所长，也体现了整体式体积小巧之优点。

3. 按功能分类

PLC 可大致分为低档、中档、高档机三种。

(1) 低档机　具有逻辑运算、计时、计数、移位、自诊断、监控等基本功能，还可能具有少量的模拟量输入/输出、算术运算、数据传送与比较、远程 I/O、通信等功能。

(2) 中档机　除具有低档机的功能外，还具有较强的模拟量输入/输出、算术运算、数据传送与比较、数据转换、远程 I/O、子程序、通信联网等功能。还可能增设中断控制、PID 控制等功能。

(3) 高档机　除具有中档机的功能外，还有符号运算（32 位双精度加、减、乘、除及比较）、矩阵运算、位逻辑运算（置位、清除、右移、左移）、平方根运算及其他特殊功能函数的运算、表格传送及表格功能等。而且高档机具有更强的通信联网功能，可用于大规模过程控制，构成全 PLC 的集散控制系统或整个工厂的自动化网络。

习　题

1. PLC 是在什么样的基础上发展起来的？可粗略分几种流派？
2. 画出 PLC 的基本构成框图。
3. 什么是 PLC 的系统程序？什么是 PLC 的用户程序？它们各有什么作用？
4. PLC 基本单元由哪几部分组成？它们的作用各是什么？
5. PLC 的存储器有几类？分别存放什么信息？
6. PLC 处于运行状态时，输入端状态的变化，将在何时存入输入暂存器？
7. PLC 处于运行状态时，输出锁存器中的所存放的内容是否会随着用户程序的执行而变化？为什么？
8. PLC 处于停止状态时，完成哪些工作？
9. 画出 PLC 的等效电路，并说明它与继电器控制电路的最大区别。
10. 按结构分，PLC 共分为几种？它们各有什么优、缺点？

第二章 可编程序控制器的硬件系统

本章以三菱公司的 FX2N 为例讲解 PLC 的硬件结构、基本功能和型号规格，剖析基本 I/O 单元，介绍模拟量 I/O 单元和特殊扩展设备。通过对典型机型的学习，熟悉 PLC 的硬件配置，为进一步学习指令系统和设计 PLC 控制系统打好基础。

第一节 FX 系列 PLC 简介

三菱 FX 系列 PLC 主要有 FX1S、FX0N、FX1N、FX2N、FX3U、FX3G、FX3UC 等几个系列。以下对 FX1S、FX1N、FX2N 和 FX3U 作一简单介绍。

一、基本单元

1. FX1S 系列

FX1S 系列 PLC 是三菱 PLC 家族中体积最小的产品，大小只有一张卡片那么大，适应于极小规模的控制，控制规模从 10 点到 30 点，如图 2-1a 所示。FX1S 系列 PLC 虽然小，却具有完整的性能和通信功能等扩展性，常用于那些以前用小型 PLC 无法控制的领域。

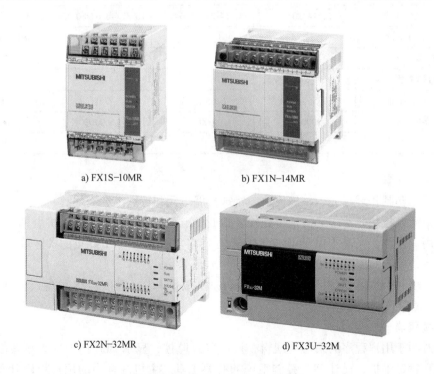

a) FX1S-10MR b) FX1N-14MR

c) FX2N-32MR d) FX3U-32M

图 2-1 三菱 FX 系列 PLC 外形图

2. FX1N 系列

FX1N 系列 PLC 是三菱公司推出的功能强大的普及型 PLC，如图 2-1b 所示。FX1N 输入/输出最多可扩展到128点，还具有模拟量控制和通信、链接功能等扩展性，广泛应用于一般的顺序控制。

3. FX2N 系列

FX2N 是 FX 家族中较先进的系列，如图 2-1c 所示。FX2N 具有高速处理及可扩展大量满足单个需要的特殊功能模块等特点，为工厂自动化应用提供最大的灵活性和控制能力。本书主要以该系列为例进行介绍。

4. FX3U 系列

FX3U 是新近推出的新型第三代 PLC，如图 2-1d 所示。FX3U 基本性能大幅提升，特别是脉冲输出和定位功能。FX1S/FX1N/FX2N 基本单元内置脉冲输出功能为 Y0、Y1 两点（其中 FX1S/FX1N 为 100kHz，FX2N 为 20kHz），而 FX3U 增加到三点，分别为 Y0、Y1、Y2，频率为 100kHz。FX1S/FX1N/FX2N 在使用脉冲输出指令或定位指令时 Y0、Y1 两个不能同时有输出，但 FX3U 的 Y0、Y1、Y2 可以同时有输出。同时还增加了新的定位指令，从而使得定位控制功能更加强大，使用更为方便。

FX1S、FX1N、FX2N 和 FX3U 四个系列 PLC 的部分性能、特点见表 2-1。

表 2-1 FX1S、FX1N、FX2N、FX3U 性能特点比较

	FX1S	FX1N	FX2N	FX3U
最小基本单元尺寸（宽/mm×厚/mm×高/mm）	60×75×90	90×75×90	130×87×90	130×86×90
基本单元 I/O 点数	10/14/20/30	14/24/40/60	16/32/48/64/80/128	16/32/48/64/80/128
扩展后 I/O 点数		128	256	384（含远程）
定时器个数	64	256	256	512
计数器个数	32	235	235	235
处理基本指令时间/μs	0.55~0.7	0.55~0.7	0.08	0.065
程序容量	2000 步	8000 步	16000 步	64000 步
内置脉冲输出	2 点 100kHz	2 点 100kHz	2 点 20kHz	3 点 100 kHz

二、扩展设备

扩展设备包括扩展单元、扩展模块、特殊扩展单元和特殊扩展模块。

扩展单元及模块是为了经济地得到较多的 I/O 点而设置的一种单元，扩展单元与基本单元组合使用。例如，某基本单元 40 个 I/O 点，当它与一个 20 个 I/O 点的扩展单元组合使用时，整个系统就有 60 个 I/O 点。

特殊扩展单元及模块用于特殊控制。如：模拟量 I/O、温度传感器输入、高速计数、PID 控制、位置控制、通信等。

三、编程器

编程器用于用户程序的编写、编辑、调试以及监控、显示 PLC 的一些系统参数和内部状态，是开发、维护、设计 PLC 控制系统的必要工具。主机内存中的用户程序就是由编程器通过通信接口输入的。对于已设计、安装好的 PLC 控制系统，一般都不带编程器而直接运行。不同系列 PLC 的编程器互不通用。

编程器一般都具有下列五种功能：

(1) 编辑功能 实现用户程序的修改、插入、删除等。
(2) 编程功能 程序的全部清除、程序的写入/读出、检索等。
(3) 监视功能 对 I/O 点通/断的监视,对内部线圈、计数器、定时器通/断状态的监视以及跟踪程序运行过程等。
(4) 检查功能 对语法、输入步骤、I/O 序号进行检查。
(5) 命令功能 向 PLC 发出运行、暂停等命令。

编程器可分为简易编程器和智能编程器。简易编程器一般只能与主机联机编程。智能编程器又分为袖珍编程器和大型编程器（带 CRT）,它既可联机使用,又可脱机使用。

计算机应用相应的编程软件也可进行 PLC 编程,其功能大大强于编程器,这是当前最常用的编程工具。

第二节 FX2N 系列 PLC

在认识 FX 系列 PLC 的基础上,为了使读者对 PLC 有一个更深入的了解,本节以三菱 FX2N 系列为例,详细介绍其性能和产品规格。

一、面板图

如图 2-2 所示为 FX2N-32MR 基本单元的面板图,图中 PLC 的型号为 FX2N-32MR,它表示该 PLC 是 FX2N 系列、输入/输出共 32 点、基本单元、继电器输出。

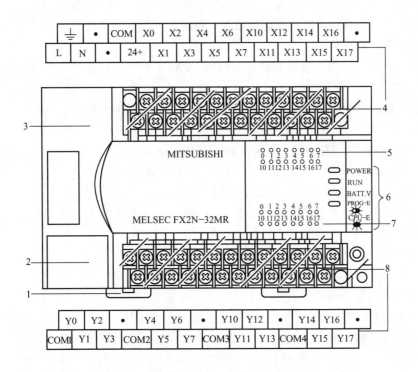

图 2-2 FX2N-32MR 基本单元面板图
1—DIN 导轨装卸用卡子 2—外围设备接线插座、盖板 3—面板盖 4—电源、辅助电源、输入接线端子
5—输入指示灯 6—动作指示灯 7—输出指示灯 8—输出接线端子

输入端子在CPU单元面板的上半部，输出端子在下半部。图中32点I/O有16个输入点，16个输出点，I/O点按1∶1配置。16个输入点共用一个COM端子。16个输出点分为四组，共有四个COM端，其中Y0～Y3合用COM1，Y4～Y7合用COM2，Y10～Y13合用COM3，Y14～Y17合用COM4。

上半部的L、N和接地端子用于接入100～240V（+10%、-15%）交流电源，24V+和COM端子提供一组24V、250mA（48点及以上为460mA）的直流电源，供给外接传感器用。

输入、输出指示灯（LED）位于CPU单元面板的中部。每个I/O点都对应一个LED。输入指示灯用于指示输入信号的状态，当有信号输入时，指示灯亮；输出指示灯用于指示输出信号的状态，当有信号输出时，指示灯亮。I/O点的LED为调试程序、检查运行结果提供了方便。

动作显示LED有4个。其中POWER为电源的接通或断开指示，电源接通时亮，电源断开时灭。RUN为PLC工作状态指示，PLC处在运行或监控状态时亮，处在编程状态或运行异常时灭。BATT.V是电池电压指示灯，在工作电源正常接入，电池电压降低时指示灯亮，应尽快更换电池。PROG-E和CPU-E是同一个指示灯，在由于忘记设置定时器、计数器的常数，电路不良、电池电压的异常下降，或者有异常噪声、混入导电性异物使程序存储器的内容有变化时，该指示灯闪烁；当可编程控制器内部混入导电性异物，外部异常噪声传入而导致CPU失控时，或运算周期超过200ms时，监视定时器就出错，指示灯亮。

打开盖板，可以看到编程设备、数据存储插座和内置RUN/STOP开关。

打开面板盖，可看到锂电池及连接插座、功能扩展板安装插座和存储器安装插座。

二、型号名称及其种类

各厂家生产的PLC型号表示方式均不相同，FX2N系列PLC型号含义如下。

1. 符号含义

（1）I/O总点数　基本单元、扩展单元的I/O点数用数字表示。

（2）输出形式

R——继电器输出（有触点，交流、直流负载两用）；

S——双向晶闸管开关元件输出（无触点，交流负载用）；

T——晶体管输出（无触点，直流负载用）。

（3）其他区分　无符号为交流100/200V电源、直流24V输入（内部供电）。

（4）I/O形式

R——DC输入4点、继电器输出4点的混合形式；

X——输入专用（无输出）；

YR——继电器输出专用（无输入）；

YS——双向晶闸管开关元件输出专用（无输入）；

YT——晶体管输出专用（无输入）。

2. 基本单元

基本单元型号名称组成为：FX2N-○○M□-□□。其中，FX2N为系列名；"○○"为I/O点数；M表示基本单元；"□"为输出形式；"□□"为其他区分。该系列中基本单元见表2-2。

表2-2 基本单元一览表

输入输出总点数	输入点数	输出点数	FX2N 系列		
			AC 电源 DC 输入		
			继电器输出	双向晶闸管输出	晶体管输出
16	8	8	FX2N-16MR-001	—	FX2N-16MT-001
32	16	16	FX2N-32MR-001	FX2N-32MS-001	FX2N-32MT-001
48	24	24	FX2N-48MR-001	FX2N-48MS-001	FX2N-48MT-001
64	32	32	FX2N-64MR-001	FX2N-64MS-001	FX2N-64MT-001
80	40	40	FX2N-80MR-001	FX2N-80MS-001	FX2N-80MT-001
128	64	64	FX2N-128MR-001	—	FX2N-128MT-001

3. 扩展设备

扩展设备型号名称组成为：FX□N-○○E□。其中，FX□N 为系列名；"○○"为 I/O 点数；E 表示扩展单元；"□"为输出形式。扩展单元见表2-3。扩展模块见表2-4。

表2-3 扩展单元一览表

I/O 总点数	输入点数	输出点数	AC 电源 DC 输入		
			继电器输出	双向晶闸管输出	晶体管输出
32	16	16	FX2N-32ER	—	FX2N-32ET
48	24	24	FX2N-48ER	—	FX2N-48ET

表2-4 扩展模块一览表

I/O 总点数	输入点数	输出点数	继电器输出	输入	晶体管输出	双向晶闸管输出	输入信号电压
8 (16)	4 (8)	4 (8)	FX0N-8ER	—	—	—	DC 24V
8	8	0	—	FX0N-8EX	—	—	DC 24V
8	0	8	FX0N-8EYR	—	FX0N-8EYT	—	—
16	16	0	—	FX0N-16EX	—	—	DC 24V
16	0	16	FX0N-16EYR	—	FX0N-16EYT	—	—
16	16	0	—	FX2N-16EX	—	—	DC 24V
16	0	16	FX2N-16EYR	—	FX2N-16EYT	FX2N-16EYS	—

扩展单元和扩展模块型号命名方式相同；不同的是扩展单元和基本单元一样，由内部电源供电，而扩展模块的工作电源由基本单元或扩展单元供电。另外 FX0N-8ER 的输入、输出各占有扩展设备8点，有效点数各为4点。

4. 特殊扩展设备

特殊扩展设备种类很多，详见附录 A 表 A-1。

5. 性能规格

FX2N 系列 PLC 的输入/输出性能规格详见附录 A 表 A-2 和表 A-3；基本技术性能规格详见附录 A 表 A-4；电源规格详见附录 A 表 A-5；环境规格要求详见附录 A 表 A-6。

第三节 基本 I/O 单元

I/O 单元是 PLC 与被控对象间传递 I/O 信号的接口部件。I/O 单元按信号的流向可分为输入单元和输出单元;按信号的形式可分为开关量 I/O 单元和模拟量 I/O 单元;按电源形式可分为直流型和交流型、电压型和电流型;按功能可分为基本 I/O 单元和特殊 I/O 单元。本节主要介绍基本 I/O 单元。

一、开关量输入单元

通常开关量输入单元(模块)按信号电源的不同分为三种类型:直流 12~24V 输入、交流 100~120V 或 200~240V 输入和交直流 12~24V 输入三种。现场信号通过开关、按钮或传感器以开关量的形式,通过输入单元送入 CPU 进行处理,其信号流向如图 2-3 所示。

图 2-3 输入信号流向

开关量输入单元的作用是把现场的开关信号转换成 CPU 所需的 TTL 标准信号。其中直流输入单元原理图如图 2-4 所示。由于各输入点的输入电路都相同,图中只画出了一个输入端,COM 为输入端口的公共端子。

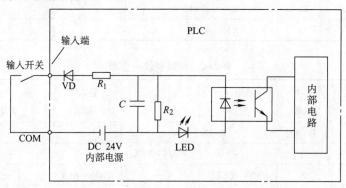

图 2-4 直流输入单元原理图

在图 2-4 的直流输入单元中,信号电源由内部电源提供。当输入开关闭合时,内部电源 DC 24V 经 R_1、R_2 分压加至光耦合器的输入端,R_1 同时起限流作用,R_2 和 C 组成滤波电路,提高电路的抗干扰能力。光耦合器具有光电隔离抗干扰作用,将电信号转换为光信号进行传输。同时将 DC 24V 输入信号转换成 TTL(5V)标准信号。二极管 VD 禁止反极性电压输入,LED 用作输入状态指示。若输入端开关闭合,LED 亮,光耦合器的输出端导通,该导通信号进入内部电路,以供 CPU 作算术逻辑运算用。

该直流输入单元只是原理图,具体到各种型号的 PLC,其电路都有不同,应仔细查看用户手册。

二、开关量输出单元

PLC 所控制的现场执行元件有电磁阀、继电器、接触器、指示灯、电热器、电动机等。CPU 输出的控制信号,经输出模块驱动执行元件。输出信号的流向如图 2-5 所示,其中输出

图 2-5 输出信号的流向

电路常由隔离电路和功率放大电路组成。

开关量输出单元的输出形式有继电器、晶闸管和晶体管三种。

1. 继电器输出（交直流）单元

继电器输出单元原理图如图 2-6 所示。在图中，继电器既是输出开关器件，又是隔离器件，电阻 R_1 和指示灯 LED 组成输出状态显示器；电阻 R_2 和电容 C 组成 RC 灭弧电路，消除继电器触点火花。当 CPU 输出一个接通信号时，指示灯 LED 亮，继电器线圈得电，其常开触点闭合，使电源、负载和触点形成回路。继电器触点动作的响应时间约为 10ms。继电器输出模块的负载回路，可选用直流电源，也可选用交流电源。输出电路的负载电源由外部提供，输出电流的额定值与负载性质有关，通常在电阻性负载时，继电器输出的最大负载电流为 2A/点。

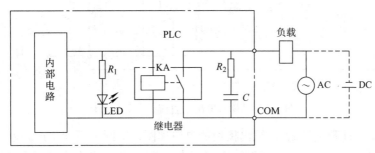

图 2-6 继电器输出单元原理图

2. 晶闸管输出（交流）单元

晶闸管输出（交流）单元原理图如图 2-7 所示。在图中，双向晶闸管为输出开关器件，由它组成的固态继电器（AC SSR）具有光电隔离作用，作为隔离元件。电阻 R_2 与电容 C 组成高频滤波电路，减少高频信号干扰。压敏电阻作为消除尖峰电压的浪涌吸收器。当 CPU 输出一个接通信号时，指示灯 LED 亮，固态继电器中的双向晶闸管导通，负载得电。双向晶闸管开通响应时间小于 1ms，关断响应时间小于 10ms。由于双向晶闸管的特性，在输出负载回路中的电源只能选用交流电源。

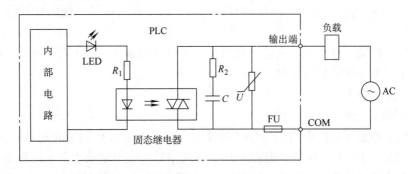

图 2-7 晶闸管输出（交流）单元原理图

3. 晶体管输出（直流）单元

晶体管输出（直流）单元原理图如图 2-8 所示。在图中，晶体管 VT_1 为输出开关器件，光耦合器为隔离器件。稳压二极管 VS 和熔断器 FU 分别用于输出端的过电压保护和过电流保护，二极管 VD 可禁止负载电源反向接入。当 CPU 输出一个接通信号时，指示灯 LED 亮。该信号通过光耦合器使 VT_1 导通，负载得电。晶体管输出模块所带负载只能使用直流电源。在电阻性负载时，晶体管输出的最大负载电流通常为 0.5A/点，通断响应时间均小于 0.2ms。

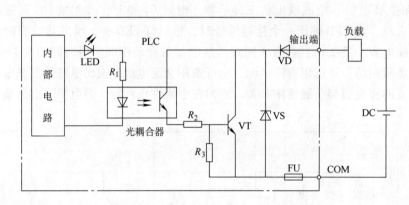

图 2-8　晶体管输出（直流）单元原理图

以上介绍了几种开关量输入/输出模块的电原理图，实际上不同生产厂家生产的输入/输出模块电路各有不同，使用中应详细阅读《操作手册》，按规格要求接线和配置电源。

第四节　特殊扩展设备

特殊 I/O 功能单元作为智能单元，有它自己的 CPU、存储器和控制逻辑，与 I/O 接口电路及总线接口电路组成一个完整的微型计算机系统。一方面它可在自己的 CPU 和控制程序的控制下，通过 I/O 接口完成相应的输出、输入和控制功能；另一方面，它又通过总线接口与 PLC 单元的主 CPU 进行数据交换，接受主 CPU 发来的命令和参数，并将执行结果和运行状态返回主 CPU。这样，既实现了特殊 I/O 单元的独立运行，减轻了主 CPU 的负担，又实现了主 CPU 单元对整个系统的控制与协调，从而大幅度地增强了系统的处理能力和运行速度。

本节介绍模拟量 I/O 单元、高速计数单元、位置控制单元、PID 控制单元、温度传感器单元和通信单元等特殊的扩展设备。

一、模拟量 I/O 单元

1. 模拟量输入单元

生产现场中连续变化的模拟量信号（如温度、流量、压力）通过变送器转换成 DC 1～5V、DC 0～10V 或 DC 4～20mA 的标准电压、电流信号。模拟量输入单元的作用是把连续变化的电压、电流信号转换成 CPU 能处理的若干位数字信号。模拟量输入电路一般由运放变换、模/数转换（A/D）、光电隔离等部分组成，其框图如图 2-9 所示。

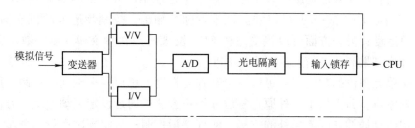

图 2-9　模拟量输入单元框图

A/D 模块常有 2～8 路模拟量输入通道，输入信号可以是 1～5V 或 4～20mA，有些产品输入信号可达 0～10V、-10～10V。

2. 模拟量输出单元

模拟量输出单元的作用是把 CPU 处理后的若干位数字信号转换成相应的模拟量信号输出，以满足生产控制过程中所需要连续信号的要求。模拟量输出单元框图如图 2-10 所示。CPU 的控制信号由输出锁存器经光电隔离、数/模转换（D/A）和运放变换器，变换成标准模拟量信号输出。模拟量的电压输出为 DC 1～5V、DC 0～10V 或 -10～10V；模拟量电流输出为 4～20mA。

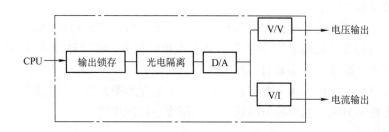

图 2-10　模拟量输出单元框图

A/D、D/A 模块的主要参数有：分辨力、精度、转换速度、输入阻抗、输出阻抗、最大允许输入范围、模拟通道数、内部电流消耗等。

二、高速计数单元

高速计数单元用于脉冲或方波计数器、实时时钟、脉冲发生器、数字码盘等输出信号的检测和处理，用于快速变化过程中的测量或精确定位控制。高速计数单元常设计为智能型模板，它与主令起动信号联锁，而与 PLC 的 CPU 之间是互相独立的。它自行配置计数、控制、检测功能，占有独立的 I/O 地址，与 CPU 之间以 I/O 扫描方式进行信息交换。有的计数单元还具有脉冲控制信号输出，用于驱动或控制机械运动，使机械运动到达要求的位置。

高速计数单元的主要技术参数有：计数脉冲频率、计数范围、计数方式、输入信号规格、独立计数器个数等。

三、位置控制单元

位置控制单元是用于位置控制的智能 I/O 单元，能改变被控点的位移速度和位置，适用于步进电动机或脉冲输入的伺服电动机驱动器。位置控制单元一般自身带有 CPU、存储器、I/O 接口和总线接口。它一方面可以独立地进行脉冲输出，控制步进电动机或伺服电动机，带动被控对象运动；另一方面可以接受主机 CPU 发来的控制命令和控制参数，完成相应的控制要求，并将结果和状态信息返回主机 CPU。

位置控制单元提供的功能有：可以每个轴独立控制，也可以多轴同时控制；原点可分为机械原点和软原点，并提供了三种原点复位和停止方法；通过设定运动速度，方便地实现变速控制；采用线性插补和圆弧插补的方法，实现平滑控制；可实现试运行、单步、点动和连续等运行方式；采用数字控制方式，输出脉冲，达到精密控制的要求。

位置控制单元的主要参数有：占用 I/O 点数、控制轴数、输出控制脉冲数、脉冲速率、脉冲速率变化、间隙补偿、定位点数、位置控制范围、最大速度、加/减速时间等。

四、PID 控制单元

PID 控制单元多用于执行闭环控制的系统中。该单元自带 CPU、存储器、模拟量 I/O 点，并有编程器接口。它既可以联机使用，也可以脱机使用。在不同的硬件结构和软件程序中，可实现多种控制功能：PID 回路独立控制、两种操作方式（数据设定、程序控制）、参数自整定、先行 PID 控制和开关控制、数字滤波、定标、提供 PID 参数，供用户选择等。

PID 控制单元的技术指标有：PID 算法和参数、操作方式、PID 回路数、控制速度等。

五、温度传感器单元

温度传感器单元实际为变送器和模拟量输入单元的组合，它的输入为温度传感器的输出信号，通过单元内的变送器和 A/D 转换器，将温度值转换为 BCD 码传送给 PLC。

温度传感器单元配置的传感器有：热电偶和热电阻。

温度传感器单元的主要技术参数有：输入点数、温度检测元件、测温范围、数据转换范围及误差、数据转换时间、温度控制模式、显示精度、控制周期等。

六、通信单元

通信单元根据 PLC 连接对象的不同可分为以下几点：

（1）上位链接单元　用于 PLC 与计算机的互联和通信。

（2）PLC 链接单元　用于 PLC 和 PLC 之间的互联和通信。

（3）远程 I/O 单元　远程 I/O 单元有主站单元和从站单元两类，分别装在主站 PLC 机架和从站 PLC 机架上，实现主站 PLC 与从站 PLC 远程互联和通信。

通信单元的主要技术参数有：数据通信的协议格式；通信接口传输距离；数据传输长度；数据传输速率；传输数据校验等。

以上简单介绍了一些特殊的扩展设备，具体的型号和功能可详见用户手册。

习　题

1. FX1S、FX1N、FX2N、FX3U 四个系列点数相同的 PLC，哪个体积最小？
2. FX1S、FX1N、FX2N、FX3U 四个系列的 PLC，加扩展单元后，哪个 I/O 点数最大？
3. 编程器的作用是什么？
4. FX2N-32MR 有几个输入点？几个输出点？
5. FX2N 有几个动作指示灯？其功能分别是什么？

6. 试说明 FX2N–128MT–001 型号表示的含义。
7. PLC 的输入模块有几种？各种输入方式的作用和特点是什么？
8. PLC 有几种输出类型？各有什么特点？各适用于什么场合？
9. 在 I/O 电路中，光耦合器的主要功能是什么？
10. 智能 I/O 单元的结构特点及主要作用是什么？说明 A/D 和 D/A 转换模块的功能和应用。
11. 一台 FX2N–32MR 加一台 FX2N–32ER 最多可接多少个输入信号？最多可带多少个负载？

第三章 可编程序控制器的指令系统

可编程序控制器是由硬件系统和软件系统构成的，其中软件系统中的用户程序是使用者根据生产工艺要求，利用厂家提供的指令系统编写的控制程序。本章主要以日本三菱公司生产的 FX2N 系列可编程序控制器为例，详细介绍 PLC 的指令系统和采用梯形图或指令表的编程方式。

第一节 编程方式和软元件

一、编程方式

国际电工委员会（International Electro technical Commission，简称 IEC）推出了编程语言的国际标准 IEC 61131-3，使得各厂商的 PLC 编程语言可相互兼容，PLC 程序模块可共享使用。IEC61131-3 共规定了可采用的五种编程语言标准，其中三种是图形化语言（梯形图、顺序功能图和功能块图），两种是文本化语言（指令表和结构文本）。目前，国外知名厂商西门子公司已有基于该标准的产品，但其他厂家在这方面还有很多工作要做。

FX2N 系列可编程序控制器的编程方式有三种：梯形图编程、指令表编程和 SFC 编程。

1. 梯形图编程

这是与继电器电路形式基本类似的编程语言，它形象、直观，为广大电气人员所熟知。用梯形图语言编写的程序如图 3-1a 所示。

梯形图由触点符号、继电器线圈符号组成，在这些符号上标注有操作数。每条梯形图左边以母线开始，以继电器线圈作为一条的结尾，右边以地线终止（也可以不画）。PLC 对梯形图语言的用户程序的循环扫描，从第一条至最后一条，周而复始，图中母线左边的 0 表示该条梯形图第一个触点的步号。

采用梯形图编程时，在编程软件的界面上有常开、常闭触点和继电器线圈符号，用鼠标直接单击这些符号，然后填写操作数就能进行编程。

2. 指令表编程

这是与汇编语言类似的一种助记符编程语言，又称语句表、命令语句、助记符等。它比汇编语言通俗易懂，更为灵活，适应性广。由于指令语言中的助记符与梯形图符号存在一一对应关系，因此对于熟知梯形图的电气工程技术人员，在编程时，只要用手工画出梯形图，直接由键盘输入指令即可。和图 3-1a 梯形图对应的用指令语言编写的程序如图 3-1b 所示。

指令表编写的程序中，语句是最小的程序组成部分，它由语句步号、操作码、操作数组成。

语句步是用户程序中语句的序号，一般由编程器自动依次给出。只有当用户需要改变语句时，才通过插入键或删除键进行增/删调整。由于用户程序总依次存放在用户程序存储器内，所以语句步也可以看做语句在用户程序存储器内的地址代码。

操作码就是 PLC 指令系统中的指令代码，指令助记符。它表示需要进行的工作。

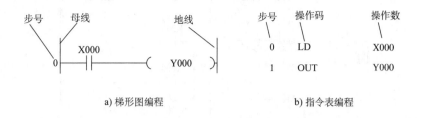

图 3-1 编程方式

操作数则是操作对象,主要是继电器的类型和编号,每一个继电器都用一个字母开头,后缀数字,表示属于哪类继电器中的第几号继电器。本节中如无特别说明,都用 FX2N 系列中的继电器编号和功能为例。操作数也可表示用户对时间和计数常数的设置、跳转、主控指令的编码等,也有个别指令不含有操作数。

一句语句就是给 CPU 的一条指令,规定其对谁(操作数)做什么工作(操作码)。一个控制动作由一句或多句语句组成的应用程序来实现。

PLC 对用指令表编写的用户程序循环扫描,即从第一句开始至最后一句,周而复始。

3. SFC 编程

SFC 编程是根据机械操作的流程,进行顺序控制设计的输入方式,如图 3-2 所示。

在采用带有编程软件的计算机编程时,能将用各种输入方式编写的程序进行转换、显示和编辑。用梯形图或指令表编写的程序,在编程软件的界面上能互相转换;用 SFC 编写的顺序控制程序,也能转换成梯形图或指令表,十分方便。

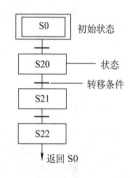

图 3-2 SFC 编程示意图

二、软元件号分配和功能概要

PLC 内部有大量由软元件组成的内部继电器,这些软元件要按一定的规则进行编号。在 FX2N 系列中用 X 表示输入继电器、Y 输出继电器、M 表示辅助继电器、D 表示数据寄存器、T 表示定时器、C 表示计数器、S 表示状态继电器。

1. 输入继电器 X

输入继电器是 PLC 用来接收用户输入设备发出的输入信号。输入继电器只能由外部信号所驱动,不能用程序内部的指令来驱动。因此,在程序中输入继电器只有触点。由前文所述,输入模块可等效成输入继电器的输入线圈,其等效电路如图 3-3 所示。

2. 输出继电器 Y

输出继电器是 PLC 用来将输出信号传送给负载的元件。输出继电器由内部程序驱动,其触点有两类,一类是由软件构成的内部触点(软触点);另一类则是由输出模块构成的外部触点(硬触点),它具有一定的带负载能力,其等效电路如图 3-4 所示。

从图 3-4 中看出,输入继电器或输出继电器是由硬件(I/O 单元)和软件构成的。因此,由软件构成的内部触点可任意取用,不限数量,而由硬件构成的外部触点只能单一使用。输入/输出继电器的地址分配表见表 3-1。

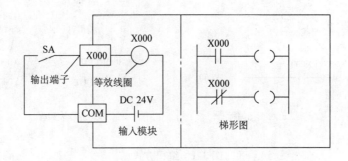

图 3-3 输入继电器等效电路图

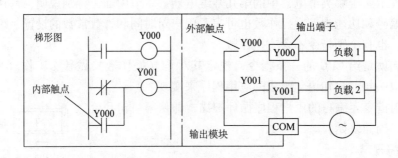

图 3-4 输出继电器等效电路图

表 3-1 输入/输出继电器地址分配表

型号	FX2N–16M	FX2N–32M	FX2N–48M	FX2N–64M	FX2N–80M	FX2N–128M	带扩展	输入输出合计256点
输入继电器 X	X000~X007 8点	X000~X017 16点	X000~X027 24点	X000~X037 32点	X000~X047 40点	X000~X077 64点	X000~X267（X177） 184点（128点）	
输出继电器 Y	Y000~Y007 8点	Y000~Y017 16点	Y000~Y027 24点	Y000~Y037 32点	Y000~X047 40点	Y000~Y077 64点	Y000~Y267（Y177） 184点（128点）	

3. 辅助继电器 M

在 PLC 内部的继电器叫做辅助继电器。它与输入/输出继电器不同，是一种程序用继电器，不能读取外部输入，也不能直接驱动外部负载，只起到中间继电器的作用。辅助继电器中有一类保持用继电器，即使在 PLC 电源断电时，也能储存 ON/OFF 状态，其储存的数据和状态由锂电池保护，当电源恢复供电时，能使控制系统继续电源掉电前的控制。辅助继电器等地址分配见表 3-2。其中 M8000~M8255 为特殊用继电器。它主要的功能有：PLC 状态、时钟、标记、PLC 方式、步进、中断禁止、出错检测等。如：

(1) M8000 当 PLC 运行时，M8000 为 ON（接通）

(2) M8002 初始脉冲，当 PLC 开始运行时，M8002 为 ON，接通时间为一个扫描周期。

(3) M8005 锂电池电压异常降低时工作。

(4) M8012 提供振荡周期为 100ms 的脉冲，可用于计数和定时。

表 3-2 辅助继电器等地址分配表

辅助继电器 M	M0~M499 500点 通用①		(M500~M1023) 524点 保存用②		(M1024~M3071) 2048点 保存用③		(M8000~M8255) 256点 特殊用	
状态继电器 S	S0~S499 500点① 初始用 S0~S9 返回原点用 S10~S19			(S500~S899) 400点 掉电保持用②			(S900~S999) 100点 报警用③	
定时器 T	T0~T199 200点 100ms 子程序用 T192~T199		T200~T245 46点 10ms		(T246~T249) 4点 1ms积算③		(T250~T255) 6点 100ms积算②	
计数器 C	16位 加法计数器		32位 可逆计数器		32位 高速可逆计数最大6点			
	C0~C99 100点 通用①	(C100~C199) 100点 保持用②	C200~C219 20点 通用①	(C220~C234) 15点 掉电保持用②	(C235~C245) 1相单向 计数输入②	(C246~C250) 1相双向 计数输入②	(C251~C255) 2相 计数输入②	
数据寄存器 D、V、Z	D0~D199 200点 通用①		(D200~D511) 312点 保持用②		(D512~D7999) 7488点 保持用③		(D8000~D8195) 196点 特殊用	(V7~V0, Z7~Z0) 16点 变址用
嵌套指针	N0~N7 8点 主控用		P0~P63 64点 跳转子程序用 分支指针		I00*~I50* 6点 输入中断指针		I6**~I8** 3点 定时中断指针	I010~I060 6点 计数中断指针
常数	K	16位 -32768~32767				32位 -2147483648~2147483647		
	H	16位 0~FFFFH				32位 0~FFFFFFFFH		

注:( )内的元件为电池备用区
① 非备用区,根据设定参数,可以变更为备用区。
② 电池备用区,根据设定参数可以变更为非电池备用区。
③ 电池备用固定区,区域特性不能变更。

(5) M8013 提供振荡周期为1s的脉冲。
(6) M8014 提供振荡周期为1min的脉冲。
(7) M8020 零标记,减法运算结果等于0时为ON。
(8) M8021 借位标记,减法运算为负的最大值以下时为ON。
(9) M8022 进位标记,运算发生进位时为ON。
其余可见用户手册。

4. 状态继电器 S

状态继电器是一种用于编制顺序控制步进梯形图的继电器,它与步进指令STL结合使用。在不做步进序号时,也可作为辅助继电器使用,还可以作信号器,用于外部故障诊断。状态继电器的地址分配见表3-2。

5. 定时器 T

PLC中的定时器相当于继电器控制系统中的通电延时时间继电器。它将PLC内的1ms、10ms、100ms等时钟脉冲进行加法计数,当达到设定值时,定时器的输出触点动作。定时器利用时钟脉冲可定时的时间范围为0.001~3276.7s。定时器的地址分配见表3-2。其中T192~T199也可用于中断子程序内;T250~T255为100ms累积定时器,其当前值是累积数,定时器线圈的驱动输入为 OFF 时,当前值被保持,作为累积操作使用。

6. 计数器 C

常用的计数器有以下两种:

(1) 内部计数用计数器　它是一种通用/停电保持用计数器。16 位加法计数器,计数范围为 1~32767;32 位加法/减法计数器,计数范围为 -2147483648~2147483647,利用特殊辅助继电器 M8200~M8234 指定增量/减量的方向。该计数器的应答速度通常在 10Hz 以下。

(2) 高速计数器　32 位的高速计数器可用于加法/减法计数,计数脉冲从 X000~X007 输入,高速计数器与 PLC 的运算无关,最高响应频率为 60kHz。计数器的地址分配见表 3-2。

对于定时器的计时线圈或计数器的计数线圈,必须设定常数 K,也可指定数据寄存器的地址号,用数据寄存器中的数据作为定时器、计数器的设定值。常数 K 的设定范围和实际的定时值见表 3-3。

表 3-3　定时器和计数器的设定范围

定时器,计数器	K 的设定范围	实际的定时值
1ms 定时器	1~32767	0.001~32.767s
10ms 定时器	1~32767	0.01~327.67s
100ms 定时器	1~32767	0.1~3276.7s
16 位计数器	1~32767	(同左)
32 位计数器	-2147483648~2147483647	(同左)

7. 数据寄存器 D

数据寄存器是存储数值、数据的软元件,FX2N 可编程序控制器的数据寄存器全部为 16 位(二进制,最高位为正负位),用两个寄存器组合可以处理 32 位(二进制,最高为正负位)的数值。数据寄存器用于定时器、计数器设定值的间接指定和应用指令中。数据寄存器的地址分配见表 3-2。

应该说明的是,以上所讲的内容都是以 FX2N 系列为例。不同类型的 PLC,其元件地址编号分配都不相同,其功能也各有特点,读者在使用时应仔细阅读相应的用户手册。

第二节　基本指令系统

本节仍以 FX2N 系列可编程序控制器为例展开讨论。PLC 的指令分为基本指令、步进指令和应用指令。本节主要介绍所有基本指令及定时器、计数器的应用。

1. 取指令和输出指令

取指令、输出指令的符号、名称、功能、梯形图、可用软元件见表 3-4。

表 3-4　取指令和输出指令

符号	名称	功　能	梯　形　图	可用软元件
LD	取	输入母线和常开触点连接		X、Y、M、S、T、C

（续）

符号	名称	功　能	梯　形　图	可用软元件
LDI	取反	输入母线和常闭触点连接		X、Y、M、S、T、C
OUT	输出	线圈驱动		Y、M、S、T、C
INV	反转	运算结果取反		

说明：

1) LD 指令用于将常开触点接到母线上；LDI 指令用于将常闭触点接到母线上。此外，与后面讲到的 ANB 指令组合，在分支起点处也可使用。

2) OUT 指令是对输出继电器 Y、辅助继电器 M、状态继电器 S、定时器 T、计数器 C 线圈的驱动指令，对输入继电器 X 不能使用。

3) OUT 指令可多次并联使用。

4) INV 指令是将 INV 指令执行前的运算结果取反，不用指定软元件号。

LD、LDI、OUT、INV 的应用如图 3-5 所示。

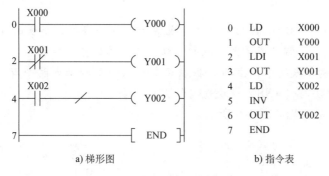

图 3-5　LD、LDI、OUT、INV 指令的应用

在图 3-5 中，当输入端子 X000 有信号输入时，输入继电器 X000 的常开触点 X000 闭合，输出继电器线圈 Y000 得电，输出继电器 Y000 的外部常开触点闭合。当输入端子 X001 有信号输入时，输入继电器 X001 的常闭触点断开，输出继电器线圈 Y001 失电；当输入端子 X001 无信号输入时，输入继电器 X001 的常闭触点闭合，输出继电器线圈 Y001 得电。INV 在这里的作用就是将 X002 的状态取反，相当于一个常闭触点，所以当触点 X002 闭合时，线圈 Y002 失电。

说明：因为输入元件触点的闭合/断开，和所连接的输入端子信号的有/无相对应，进而和梯形图中相应的输入继电器常开触点的闭合/断开或常闭触点的断开/闭合有着一一对应的关系。为叙述简洁，以后在分析梯形图时，不再讨论输入元件的动作，读者可按照上述的对应关系，操作输入元件。输出继电器线圈的得电/失电也和外接负载的得电/失电一一对应，以后分析时，也只分析到输出继电器线圈的状态为止。

另外,因为步号和最后的 END 指令在编程软件中是自动生成的,为讲述简便,非特殊情况,在后面的梯形图和指令表中不再出现步号和 END 指令。

2. 串联和并联指令

串联和并联指令的符号、名称、功能、梯形图、可用软元件见表 3-5。

表 3-5 串联和并联指令

符号	名称	功 能	梯 形 图	可用软元件
AND	与	常开触点串联连接	─┤├──┤├──( )─	X、Y、M、S、T、C
ANI	与反	常闭触点串联连接	─┤├──┤/├──( )─	X、Y、M、S、T、C
OR	或	常开触点并联连接	─┤├──( )─	X、Y、M、S、T、C
ORI	或反	常闭触点并联连接	─┤├──( )─	X、Y、M、S、T、C

说明:

1) AND、ANI 用于 LD、LDI 后一个常开或常闭触点的串联,串联的数量不限制;OR、ORI 用于 LD、LDI 后一个常开或常闭触点的并联,并联的数量不限制。

2) 当串联的是两个或两个以上的并联触点或并联的是两个或两个以上的串联触点时,就要用到下面讲述的块与(ANB)或块或(ORB)指令。

AND、ANI 指令的应用如图 3-6 所示。

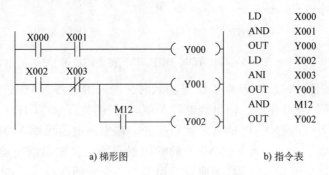

a) 梯形图　　　　　　　　　　b) 指令表

图 3-6　AND、ANI 指令的应用

图 3-6 中,触点 X000 与 X001 串联,当 X000 和 X001 都闭合时,输出继电器线圈 Y000 得电,当 X002、X003 都闭合时,线圈 Y001 也得电。在指令 OUT Y001 后,通过触点 M12 对 Y002 使用 OUT 指令,称为纵接输出。即当触点 X002、X003 都闭合,且 M12 闭合时,线圈 Y002 得电。这种纵接输出可多次重复使用。

OR、ORI 指令的应用如图 3-7 所示。

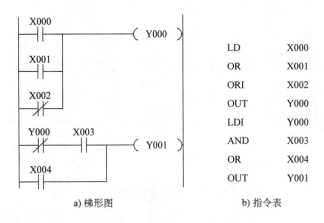

a) 梯形图　　　　　　b) 指令表

图 3-7　OR、ORI 指令的应用

在图 3-7 中，只要触点 X000、X001 或 X002 中任一触点闭合，线圈 Y000 就得电。线圈 Y001 的得电只有赖于触点 Y000、X003 和 X004 的组合，它相当于触点的混联，当触点 Y000 和 X003 闭合或 X004 闭合时，线圈 Y001 得电。

3. 块与和块或指令

块与、块或指令的符号、名称、功能、梯形图见表 3-6。

表 3-6　块与、块或指令

符　号	名　称	功　能	梯　形　图
ANB	块与	并联电路块的串联	
ORB	块或	串联电路块的并联	

说明：

1) 两个或两个以上触点并联的电路称为并联电路块；两个或两个以上触点串联的电路称串联电路块。建立电路块用 LD 或 LDI 开始。

2) 当一个并联电路块和前面的触点或电路块串联时，需要用块与 ANB 指令；当一个串联电路块和前面的触点或电路块并联时，需要用块或 ORB 指令。

3) 若对每个电路块分别使用 ANB、ORB 指令，则串联或并联的电路块没有限制；也可成批使用 ANB、ORB 指令，但重复使用次数限制在 8 次以下。

ORB 指令的应用如图 3-8 所示。

ANB 指令的应用如图 3-9 所示。若将图 3-9a 中的梯形图改画成如图 3-9b 所示，梯形图的功能不变，但可使指令简化，读者不妨在实验中一试。

ANB、ORB 指令的混合使用如图 3-10 所示。

4. 主控指令和主控复位指令

主控指令和主控复位指令的符号、名称、功能、梯形图、可用软元件见表 3-7。

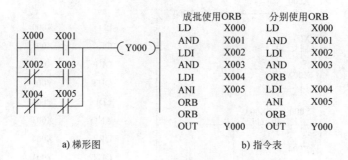

图 3-8　ORB 指令的应用

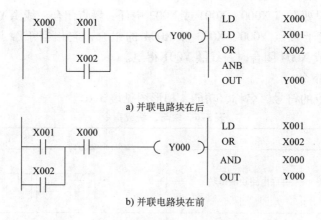

图 3-9　ANB 指令的应用

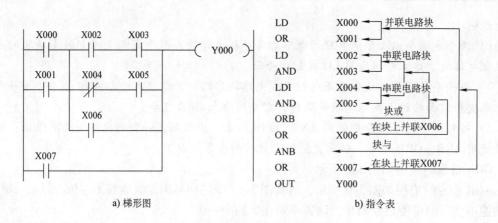

图 3-10　ANB、ORB 指令的混合使用

表 3-7 主控指令和主控复位指令

符号	名称	功 能	梯 形 图	可用软元件
MC	主控	公共串联触点的连接	─┤├── [MC　N　Y,M]	M 除特殊辅助继电器
MCR	主控复位	公共串联触点的复位	──── [MCR　N]	

说明：

1）主控指令中的公共串联触点相当于电气控制中一组电路的总开关。主控 MC 指令有效，相当于总开关接通。

2）通过更改软元件 Y、M 的地址号，可多次使用主控指令。

3）在 MC 内再采用 MC 指令，就成为主控指令的嵌套，相当于在总开关后接分路开关。嵌套级 N 的地址号按顺序增加，即：N0→N1→N2→…→N7。采用 MCR 指令返回时，则从 N 地址号大的嵌套级开始消除，但若使用 MCR N0，则嵌套级立即回到 0。

MC、MCR 指令的应用如图 3-11 所示。

在图 3-11 中，当触点 X000 闭合时，触点 M100 闭合，从 MC 到 MCR 间的指令有效，若此时触点 X001、X002 闭合，则输出继电器线圈 Y000 得电，定时器线圈 T0 得电，1s 后触点 T0 闭合。当触点 X000 断开时，从 MC 到 MCR 间的指令无效，若此时触点 X001、X002 闭合，线圈 Y000、T0 均不得电，线圈 Y002 也不会在 1s 后得电，而线圈 Y001 在 MCR 指令之后，不受主控指令的影响，当触点 X001 闭合时，仍会得电。

注意：在写入模式的梯形图，如图 3-11a 所示；在读出模式的梯形图，如图 3-11b 所示，这时不能写入。

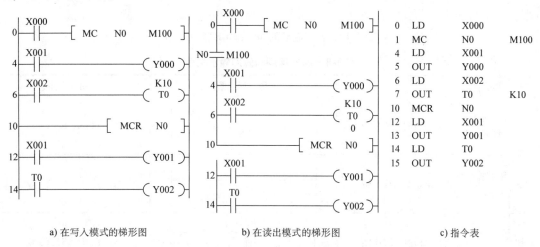

a) 在写入模式的梯形图　　　b) 在读出模式的梯形图　　　c) 指令表

图 3-11　MC、MCR 指令的应用

含有嵌套的 MC、MCR 指令应用如图 3-12 所示。

5. 脉冲检测和脉冲输出指令

脉冲检测和脉冲输出指令的符号、名称、功能、梯形图和可用软元件见表 3-8。

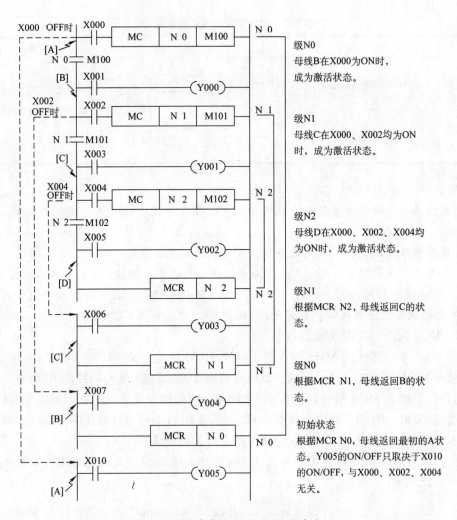

图 3-12 含有嵌套的 MC、MCR 指令应用

表 3-8 脉冲检测和脉冲输出指令

符号	名称	功 能	梯 形 图	可用软元件
LDP	取脉冲上升沿	上升沿检测运算开始		X、Y、M、S、T、C
LDF	取脉冲下降沿	下降沿检测运算开始		X、Y、M、S、T、C
ORP	或脉冲上升沿	上升沿检测并联连接		X、Y、M、S、T、C
ORF	或脉冲下降沿	下降沿检测并联连接		X、Y、M、S、T、C

(续)

符号	名称	功能	梯形图	可用软元件
ANDP	与脉冲上升沿	上升沿检测串联连接		X、Y、M、S、T、C
ANDF	与脉冲下降沿	下降沿检测串联连接		X、Y、M、S、T、C
PLS	上沿脉冲输出	上升沿脉冲输出	PLS	Y、M
PLF	下沿脉冲输出	下降沿脉冲输出	PLF	Y、M

说明：

1) 在脉冲检测指令中，P 代表上升沿检测，它表示在指定的软元件触点闭合（上升沿）时，被驱动的线圈得电一个扫描周期 T；F 代表下降沿检测，它表示指定的软元件触点断开（下降沿）时，被驱动的线圈得电一个扫描周期 T。

2) 在脉冲输出指令中，PLS 表示在指定的驱动触点闭合（上升沿）时，被驱动的线圈得电一个扫描周期 T；PLF 表示在驱动触点断开（下降沿）时，被驱动的线圈得电一个扫描周期 T。

脉冲检测和脉冲输出指令可用图 3-13 形象地说明。波形图中的高电平表示触点闭合或线圈得电。

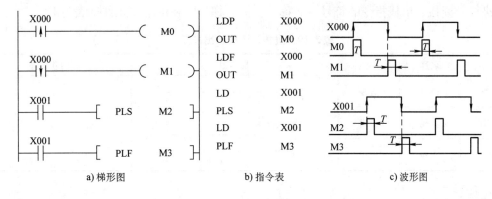

图 3-13 脉冲检测和脉冲输出指令的应用

6. 置位和复位指令

置位和复位指令的符号、名称、功能、梯形图和可用软元件见表 3-9。

置位与复位指令（SET 和 RST）的应用可用图 3-14 形象地说明：

1) 在图 3-14a 中，触点 X000 一旦闭合，线圈 Y000 得电；触点 X000 断开后，线圈 Y000 仍得电。触点 X001 一旦闭合，则无论触点 X000 闭合还是断开，线圈 Y000 都不得电。其波形如图 3-14b 所示。

表3-9 置位和复位指令

符号	名称	功能	梯形图	可用软元件
SET	置位	动作保持	─┤├── SET ──	Y、M、S
RST	复位	清除动作保持，寄存器清零	─┤├── RST ──	Y、M、S、T、C、D

2) 对同一软元件，SET、RST 可多次使用，顺序先后也可任意，但以最后执行的一行有效。如图 3-14 中，将第一条与第二条梯形图对换，当 X000、X001 都闭合时，因为 SET 指令在 RST 指令后面，所以线圈 Y000 一直得电。

3) 对于数据寄存器 D，可使用 RST 指令。

4) 积累定时器 T246～T255 当前值的复位和触点复位也可用 RST 指令。

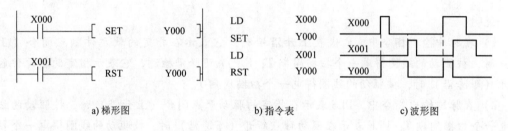

a) 梯形图　　　　　　　b) 指令表　　　　　　　c) 波形图

图 3-14　SET 和 RST 指令的应用

7. 进栈、读栈和出栈指令

进栈、读栈、出栈指令的符号、名称、功能、梯形图和可用软元件见表 3-10。

表3-10 进栈、读栈、出栈指令

符号	名称	功能	梯形图	可用软元件
MPS	进栈	进栈		无
MRD	读栈	读栈		
MPP	出栈	出栈		

说明：

1) 在可编程控制器中有 11 个存储器，它们用来存储运算的中间结果，称为栈存储器。使用 MPS 指令，即将此时刻的运算结果送入栈存储器的第一段，再使用一次 MPS 指令，则将原先存入的数据依次移到栈存储器的下一段，并将此时刻的运算结果送入栈存储器的第一段。

2) 使用 MRD 指令是读出最上段所存的最新数据，栈存储器内的数据不发生移动。

3) 使用 MPP 指令，各数据依次向上移动，并将最上段的数据读出，同时该数据从栈存储器中消失。

4) MPS 指令可反复使用，但最终 MPS 指令和 MPP 指令数要一致。

MPS、MRD、MPP 指令的应用如图 3-15 所示。从图中看出，这项指令在进行分支多重输出电路的编程时，十分方便。需要说明的是在用指令表编程时此指令才有用。

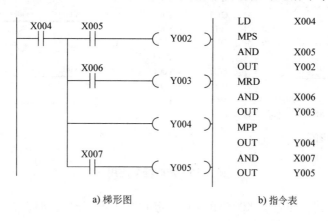

图 3-15 MPS、MRD、MPP 指令的应用

8. 空操作和程序结束指令

空操作和程序结束指令的符号、名称、功能、梯形图及可用软元件见表 3-11。

表 3-11 空操作和程序结束指令

符号	名称	功能	梯形图	可用软元件
NOP	空操作	无动作	─| NOP |─	无
END	结束	输入/输出处理，返回到程序开始	─| END |─	无

说明：

1) 在将全部程序清除时，全部指令成为空操作。

2) 在 PLC 反复进入输入处理、程序执行、输出处理时，若在程序的最后写入 END 指令，那么，以后的其余程序步不再执行，而直接进行输出处理；若在程序中没有 END 指令，则要处理到最后的程序步。在调试中，可在各程序段插入 END 指令，依次检查各程序段的动作。

3) 程序开始的首次执行，从执行 END 指令开始。

9. 定时器的应用

根据表 3-2，定时器分为两类：T0～T245 为普通型，其中 T0～T199 定时精度为 100ms，T200～T245 定时精度为 10ms；T246～T255 为积算型，其中 T246～T249 定时精度为 1ms，T250～T255 定时精度为 100ms。定时器的应用如图 3-16 所示。

在图 3-16 中，T0 是普通定时器，当触点 X000 闭合后，定时器 T0 开始计时，当前值每 100ms 加 1，10s（即加到 100）后定时器 T0 的常开触点闭合，线圈 Y000 得电；若触点 X000 断开，不论在定时中途，还是在定时时间到后，定时器 T0 均被复位（当前值为 0）。

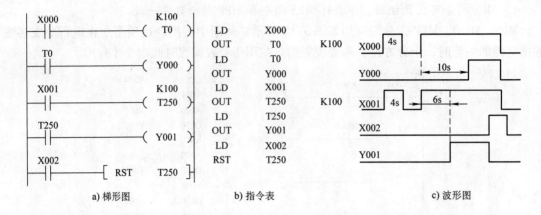

图 3-16 定时器的应用

T250 是积累型定时器，当触点 X001 闭合后，定时器 T250 开始计时，在计时过程中，即使触点 X001 断开或停电，定时器 T250 仍保持已计时的时间，当触点 X001 再次闭合后，定时器 T250 在原计时时间的基础上继续计时，直到 10s 时间到。当触点 X002 闭合，定时器 T250 被复位。

10. 计数器的应用

根据表 3-2，计数器可分为三类，分别是加法计数器、可逆计数器和高速可逆计数器，限于篇幅，本教材只介绍加法计数器。加法计数器还可以分为通用型和保持型两种，其中 C0~C99 是通用型，C100~C199 是保持型。加法计数器的应用如图 3-17 所示。

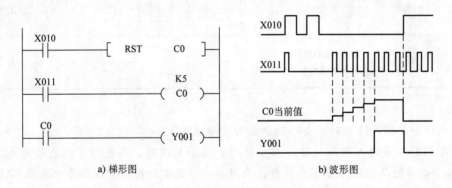

图 3-17 加法计数器的应用

在图 3-17 中，C0 是通用型计数器，即普通计数器，利用触点 X011 从断开到闭合的变化，驱动计数器 C0 计数。触点 X011 闭合一次，计数器 C0 的当前值加 1，直到其当前值为 5，触点 C0 闭合。以后即使继续有计数输入，计数器的当前值不变。当触点 X010 闭合，执行 RST C0 指令，计数器 C0 被复位，当前值为 0，触点 C0 断开，输出继电器线圈 Y001 失电。

通用型计数器和保持型计数器不同之处在于，在切断 PLC 的电源后，通用型计数器的当前值被清除，而保持型计数器则可存储计数器在停电前的计数值。当恢复供电后，保持型计数器可在上一次保存的计数值上累计计数，因此它是一种累积计数器。

以上讲述了 FX2N 系列可编程序控制器基本指令中的最常用的指令。在小型的、独立的工业设备控制中，使用这些指令，已基本能满足控制要求。但分散的、互相独立的指令就像没有组织的士兵，是不能完成任务的。在下一节中将介绍一些基本指令的单元程序。这些单元程序将指令有机地组织起来，完成指定的功能，实现局部的控制要求。

第三节 基本指令的应用

本节在基本指令的基础上介绍一些常用的单元程序。一个完整的、实现某种控制功能的用户程序，总可分解为一系列简单、典型的单元程序。熟悉这些单元程序，既能巩固前面所学的指令，又能从中掌握其变化规律。如在这些单元程序的基础上进行改造、扩充、组合，就能设计出丰富多彩的应用程序。

1. 三相异步电动机起动、停止控制

三相异步电动机起动、停止控制电路如图 3-18 所示。其中图 3-18a 是主电路，图 3-18b 是 PLC I/O 接线图，即控制电路。请注意，所有输入元件均以"动合"触点的形式接入，是为初学者设计的，具体分析可见本节的"编程注意事项"。控制要求如下：

1) 按下按钮 SB1，线圈 KM 得电，主电路电动机 M 转动，并保持。
2) 按下按钮 SB2，线圈 KM 失电，主电路电动机 M 停止。
3) 若电动机过载时，热继电器 FR 动作，其动合触点闭合，电动机 M 停止，同时报警灯 HL 闪烁。

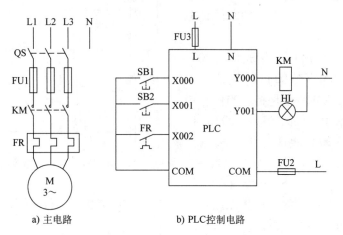

图 3-18 三相异步电动机起动、停止控制电路

在设计梯形图前，必须合理地分配 I/O 地址，见表 3-12，表中地址按 FX2N 系列 PLC 实际地址填写，分配结束后才能画出图 3-18b 所示的 I/O 接线图。

表 3-12 I/O 地址分配表

输入元件	符号	输入地址	输出元件	符号	输出地址
起动按钮	SB1	X000	接触器线圈	KM	Y000
停止按钮	SB2	X001	报警灯	HL	Y001
热继动合触点	FR	X002			

(1) 利用触点组合编写的控制梯形图 利用触点组合编写的梯形图如图 3-19 所示。图中的结束指令"END"表示程序结束，在编程软件中会自动填写，用户不必写入。

在计算机上编写如图 3-19 所示的梯形图，并传送到 PLC，使 PLC 处于"RUN"状态。按下起动按钮 SB1，"输入继电器" X000 得电，在梯形图上，其常开触点 X000 闭合，"输出继电器" Y000 得电，内部常开触点 Y000 闭合自锁，Y000 外部动合触点闭合，线圈 KM 得电，从而使主电路电动机 M 旋转。

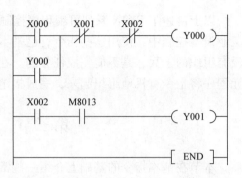

图 3-19 利用触点组合编写的控制梯形图

按下停止按钮 SB2，"输入继电器" X001 得电，在梯形图上，其常闭触点 X001 断开，"输出继电器" Y000 失电，内部常开触点 Y000 断开解锁；线圈 KM 失电，主电路中动合主触点 KM 断开，电动机 M 停止旋转，等待下一个起动信号。

若电动机过载时，FR 动合触点闭合，"输入继电器" X002 得电，其常闭触点 X002 断开，"输出继电器" Y000 失电，线圈 KM 失电，电动机失电停转，以实现对电动机的保护。

图中的 M8013 即 1s 时钟脉冲，当电动机过载时，常开触点 X002 闭合，在秒脉冲的作用下，导致输出线圈 Y001 0.5s 得电、0.5s 失电，使报警灯闪烁。

(2) 利用置位、复位指令编写的控制梯形图 利用置位、复位指令编写的控制梯形图如图 3-20 所示。

在图 3-20 中，起动时，当 SB1（X000）一经闭合，线圈 KM（Y000）被置位（得电），SB1 断开后，KM 得电保持；当停止或过载时，SB2（X001）或 FR（X002）闭合，线圈 KM（Y000）立即复位（失电），SB2 或 FR 断开后，KM 仍旧失电；当 SB1 和 SB2 均闭合时，由于 RST 指令在后，所

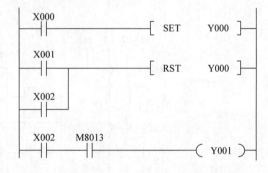

图 3-20 利用置位、复位指令编写的控制梯形图

以 KM 失电，这就是所谓的停止优先控制。若将图 3-20 第 0、1 两条梯形图对换，就构成了起动优先控制。读者不妨一试。

2. 电动机正反转控制

电动机正反转控制的主电路和控制电路如图 3-21 所示，输入/输出元件的地址分配可对照图 3-21b 分析，其中 SB1 是停止按钮，SB2 是正向起动按钮，SB3 是反向起动按钮，KM1 是正转接触器，KM2 是反转接触器。

在电动机停止时，按下 SB2，接触器 KM1 得电，其动合触点闭合，电动机正转；在电动机停止时，按下 SB3，接触器 KM2 得电，其动合触点闭合，电动机反转；停机时按下 SB1；或过载时热继电器动合触点 FR 闭合，KM1 或 KM2 失电，电动机停转。为了提高控制电路的可靠性，在输出电路中设置电路互锁，同时要求在梯形图中也要实现软件互锁。

(1) 使用触点组合的控制梯形图 符合控制要求的梯形图如图 3-22 所示，在本梯形图

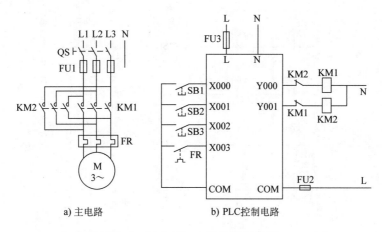

图 3-21 电动机正反转控制电路

中对每个元件都作了注释,目的是为了便于阅读,元件注释可在使用编程软件编写梯形图时完成。

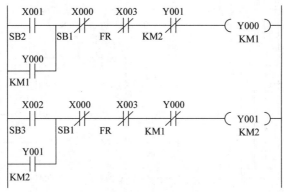

图 3-22 电动机正反转控制梯形图

在图 3-22 中,按下 SB2,输入继电器常开触点 X001 闭合,输出继电器 Y000 被驱动并自锁,接触器 KM1 得电,其动合触点闭合,电动机正转;与此同时,输出继电器的常闭触点 Y000 断开,以确保 Y001 不能得电,实行软件互锁。若按下 SB3,输入继电器常开触点 X002 闭合,输出继电器 Y001 被驱动并自锁,接触器 KM2 得电,其动合触点闭合,电动机反转;与此同时,输出继电器的常闭触点 Y001 断开,以确保 Y000 不能得电,实行软件互锁。停机时按下 SB1,常闭触点 X000 断开;过载时热继电器动合触点 FR 闭合,常闭触点 X003 断开,这两种情况都能使输出继电器 Y000 或 Y001 失电,从而导致 KM1 或 KM2 失电,电动机停转。

(2) 使用置位、复位指令的控制梯形图　电动机的正反转控制梯形图也能用 SET、RST 指令实现,如图 3-23 所示,请读者自行分析其原理。

3. Y/△减压起动控制

三相异步电动机 Y/△减压起动、停止控制电路如图 3-24 所示,其中图 3-24a 是主电路,图 3-24b 是 PLC 控制电路。输入/输出元件的地址分配可对照图 3-24b 分析,其中 SB1 是起动按钮,SB2 是停止按钮。

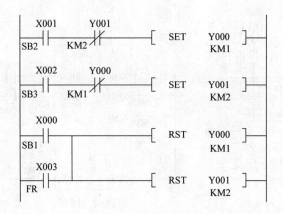

图 3-23 用 SET、RST 指令的电动机正反转控制梯形图

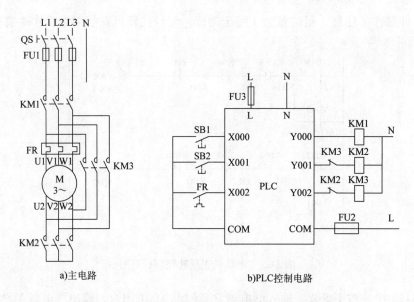

图 3-24 三相异步电动机 Y/△ 减压起动控制电路

(1) 具体控制要求

具体控制要求如下：

1）按下起动按钮 SB1，接触器线圈 KM1、KM2 得电，主电路电动机 M 成 Y 接法，开始起动，同时开始定时；定时时间到，接触器线圈 KM2 失电，KM3 得电，电动机 M 成 △ 接法，进入正常运转。

2）按下停止按钮 SB2，接触器线圈均失电，主电路电动机 M 停止。

3）若电动机过载，FR 动合触点闭合，接触器线圈也均失电，电动机 M 停止。

4）KM1 和 KM2 除在输出回路中有电路中的实际触点互锁外，在梯形图程序中软触点互锁。

(2) 控制梯形图　符合 Y/△ 减压起动控制要求的梯形图如图 3-25 所示。在图 3-25 中，当按下起动按钮 SB1 时，触点 X000 闭合，输出继电器 Y000 得电并自锁，常开触点

Y000 闭合，输出继电器 Y001 得电，此时 KM1、KM2 得电，主触点电动机接成丫起动；与此同时，定时器 T0 开始计时；2s 时间到，常闭触点 T0 断开，输出继电器 Y001 失电，其常闭触点 Y001 闭合，又因为 T0 常开触点闭合，所以输出继电器 Y002 得电，此时 KM1、KM3 得电，电动机接成△投入稳定运行。输出线圈 Y001 和 Y002 各自回路中串联对方的常闭触点，以达到软互锁的目的。热继电器 FR 和停止按钮 SB1 的功能同前所述。

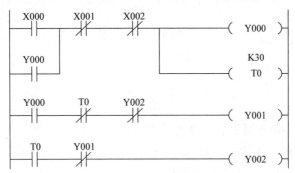

图 3-25 丫/△减压起动控制梯形图

4. 异或控制程序（用单联开关实现两地或多地控制）

典型的异或控制程序，就是用单联开关实现两地控制，即在每地只有一个单联开关 SK1 或 SK2（注意不是按钮），接入到 PLC 的输入端 X000 和 X001，如图 3-26 所示。在开始时，两个开关都断开，灯 HL 灭；当两个开关中的任一开关动作（闭合或断开）一次，都能改变输出点 Y000 的状态，使灯 HL 亮或灭。仔细分析，也就是当开关 SK1 和 SK2 的状态不一致时，Y000 有输出，灯 HL 亮，这是一种典型的异或逻辑关系。

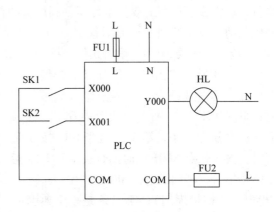

图 3-26 用单联开关实现两地控制 I/O 接线图

这种控制的控制原理其实就是电气控制中的一灯双控照明电路控制原理，如图 3-27 所示，但图 3-27 中使用的必须是双联开关。用 PLC 能方便地实现两地控制和多地控制。两地控制的梯形图如图 3-28a 所示。

由于开关能稳定地处于闭合、断开两个不同的位置，

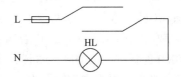

图 3-27 一灯双控照明电路图

所以触点 X000、X001 具有两种稳定的状态。设 SK1、SK2 一开始都处于断开状态，线圈 Y000 失电。当 SK1 闭合时，常开触点 X000 闭合，线圈 Y000 得电，外部触点 Y000 闭合，被控对象得电（灯亮）。当 SK2 闭合后，从图中看出，驱动线圈 Y000 的两条支路均不通，线圈 Y000 失电。若再将开关 SK1 断开，则常闭触点 X000 闭合，常开触点 X001 闭合，线圈 Y000 得电。因此，改变任意一只开关的状态，都能改变负载的状态，达到两地控制的目的。这其实是一个异或的逻辑关系，在此基础上三地控制的程序如图 3-28b 所示，图中将触点 X000、X001 状态异或的结果用 M0 表示，再将触点 M0 和触点 X002 的状态再异或一次，其

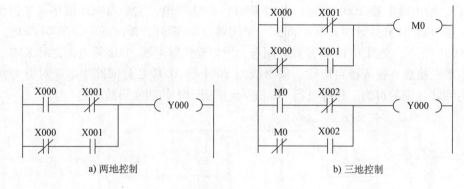

a) 两地控制 b) 三地控制

图 3-28 控制梯形图

结果送线圈 Y000。具体动作过程，请读者试着分析。

5. 双稳态控制程序（单按钮单地起动、停止控制）

所谓单按钮控制，就是采用一只普通按钮接入 PLC 的输入点（如 X000），当按钮按一次时，相应的输出点状态变为 ON，按钮再按一次，该输出点状态变为 OFF，如此不断循环执行，这构成了典型的双稳态程序。利用脉冲指令的特点，能方便地写出使用单按钮实现电动机起动、停止控制的梯形图程序。为简单起见，以下程序统一设定输入元件为普通按钮 SB1，接入输入端 X000，输出元件为接触器 KM，接到输出继电器 Y000。

（1）用脉冲输出指令和触点组合编写的梯形图 利用 PLS 指令和触点组合编写的控制梯形图如图 3-29 所示。从图中看出，该梯形图程序分为 2 条，第 1 条是当 SB1 按钮闭合时，输入触点 X001 同时闭合，由于 PLS 指令的作用，在辅助继电器 M0 上产生一个脉冲（得电一个扫描周期）；第二条是一个典型的异或电路，它将 M0 的状态和输出继电器

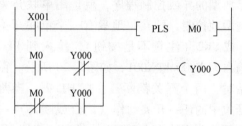

图 3-29 利用 PLS 指令编写的单按钮控制程序

Y000 的状态相异或后在 Y000 输出。运行开始时，输出 Y000 的状态为 OFF，其常开触点断开，常闭触点闭合；SB1 第一次闭合时，在 M0 上产生一个上升沿脉冲（ON），Y000 的状态（OFF）和 M0 的状态（ON）两者异或，在 Y000 得到结果为 ON；SB1 第二次闭合时，在 M0 上又产生一个上升沿脉冲（ON），此时因为 Y000 的当前状态为 ON，两者异或，Y000 的状态变为 OFF。这样，当每按一次按钮 SB1，输出继电器 Y000 的状态就改变一次，接触器 KM 得电或失电一次，实现了在单按钮的控制下电动机的起动和停止。整个电路其实是一个双稳态电路，即来一个脉冲，输出的状态翻转一次。

（2）用脉冲检测指令和触点组合编写的梯形图 更简单的程序单元如图 3-30 所示，它直接检测输入信号的上升沿，使程序更加简单，这是最直观的对边沿信号处理方法。图中使用了 INV 指令，对触点 X001 的上升沿脉冲取反。请读者注意，一定要使用脉冲形式，千

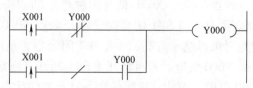

图 3-30 检测输入信号上升沿的控制程序

万不能将图 3-30 中的"↑"去掉。如去掉，当 SB1 闭合时，在每个扫描周期，输出继电器 Y000 的状态都要改变一次，这显然是达不到控制目的的。

6. 单稳态控制程序（防抖动电路）

用定时器构成的单稳态控制程序如图 3-31 所示。

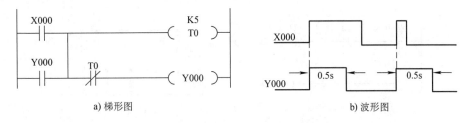

图 3-31　单稳态控制程序

在图 3-31 中，当常开触点 X000 闭合，输出继电器 Y000 得电，有输出；同时，定时器 T0 开始计时，定时时间（0.5s）到，定时器 T0 的常闭触点断开，Y000 失电，无输出。不论输入端（X000）ON 信号的时间长短，Y000 输出的信号脉宽均为 0.5s。当触点 X000 和 Y000 都断开后，定时器 T0 复位，恢复到初始状态。利用该程序可以有效地消除由输入元件（和 X000 连接）抖动产生的干扰。

7. 无稳态控制程序（多谐振荡电路）

用定时器构成的无稳态控制程序如图 3-32 所示。

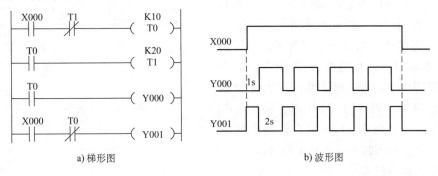

图 3-32　无稳态控制程序

无稳态电路又称为多谐振荡器。在图 3-32 中，当触点 X000 闭合，定时器 T0 开始计时；1s 时间到，常开触点 T0 闭合，定时器 T1 开始计时；2s 时间到，常闭触点 T1 断开，将定时器 T0 复位，常开触点 T0 断开，使定时器 T1 复位，常闭触点 T1 闭合，定时器 T0 又重新开始计时……，于是在输出线圈 Y000 和 Y001 得到一个周期为 3s 的波形输出。当触点 X000 断开时，振荡停止，无输出。Y000 输出信号的脉宽由 T1 设定的时间 t_1 决定，其周期由 T0 和 T1 设定的时间 $t_0 + t_1$ 决定，Y001 是 Y000 的互补输出。

无稳态控制程序也可以设计成如图 3-33 所示，

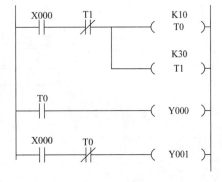

图 3-33　无稳态控制程序另一种设计

不同的是 T1 的设定时间（3s）是振荡周期，一般情况下 T0 设定的时间 t_0 要小于 T1 设定的时间 t_1。请读者想一想为什么。

8. 序列脉冲发生程序

用定时器构成的序列脉冲发生程序如图 3-34 所示。

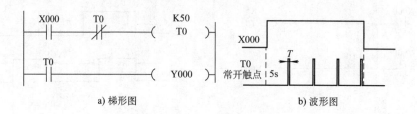

a) 梯形图　　　　　　　　　b) 波形图

图 3-34　序列脉冲发生程序

在图 3-34 中，当控制触点 X000 闭合时，定时器 T0 开始定时，5s 后，定时时间到，其常闭触点断开。在下一个扫描周期，常闭触点 T0 的断开使其自身定时器 T0 复位。再下一个工作周期，因 T0 复位，其常闭触点再闭合，定时器 T0 又开始第二次定时，如此循环，在其常开触点得到周期为 5s（忽略了一个扫描周期的时间）的脉冲序列。

9. 计数器和定时器构成的长定时程序

虽然 FX2N 的定时时间可达 3276.7s（54min 36.7s），但有时仍感定时时间不够长。可用计数器和定时器的组合构成长定时程序，如图 3-35 所示。如前所述，在触点 X000 闭合时，产生一个周期为 600s 的序列脉冲，作为计数器 C10 的计数脉冲，当计数 100 次时，输出继电器 Y001 得电。从触点 X000 闭合到输出继电器 Y001 得电，共用时 $600 \times 100s = 60000s$。

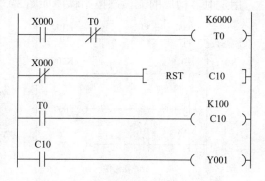

图 3-35　长定时程序

10. 带式运输机控制

带式运输机的示意图如图 3-36 所示。

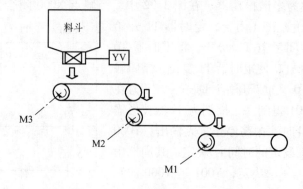

图 3-36　带式运输机的示意图

(1) 控制要求

1) 正常起动：起动时为了避免在前段运输带上物料的堆积，要求逆物料流动方向按一定时间间隔顺序起动，起动顺序为：M1→M2→M3→YV，时间间隔分别为6s、5s、4s。

2) 正常停止：停止顺序为：YV→M3→M2→M1，时间间隔均为4s。

3) 紧急停止：YV、M3、M2、M1 立即停止。

4) 故障停止：M1 过载时，YV、M3、M2、M1 立即同时停止；M2 过载时，YV、M3、M2 立即同时停止，M1 延时4s后停止；M3 过载时，YV、M3 立即同时停止，M2 延时4s后停止，M1 在 M2 停止后再延时4s停止。

(2) I/O 地址分配　I/O 地址分配表见表3-13。

表3-13　I/O 地址分配表

输入元件	符号	输入地址	输出元件	符号	输出地址
起动按钮	SB1	X001	电磁阀	YV	Y000
急停按钮	SB2	X002	M1 接触器	KM1	Y001
停止按钮	SB3	X003	M2 接触器	KM2	Y002
热继电器1动合触点	FR1	X004	M3 接触器	KM3	Y003
热继电器2动合触点	FR2	X005			
热继电器3动合触点	FR3	X006			

为了分析问题方便，将上述要求分两步走：第一步只考虑顺序起动和紧急停止；第二步在第一步的基础上，完成所有的控制要求。

(3) 顺序起动和紧急停止　顺序起动和紧急停止控制程序如图3-37所示。在图中，利用了3个定时器，由各定时器的常开触点依次控制下一个状态的实现。如：起动时，按下起动按钮 SB1，触点 X001 闭合，输出继电器 Y001 得电并自锁，同时定时器 T0 开始计时，定时6s；定时时间到，常开触点 T0 闭合，输出继电器 Y002 得电，同时定时器 T1 开始定时……直到输出继电器 Y000 得电。若按下紧急停止按钮 SB2，则常闭触点 X002 断开，按梯形图顺序，依次使 Y001 失电、T0 复位、Y002 失电、T1 复位、Y003 失电、T2 复位、Y000 失电，在一个扫描周期内完成所有停止动作。

(4) 顺序起动、紧急停止、正常停止和过载保护　功能完整的梯形图如图3-38所示。在图中，增加了3条梯形图，用于正常停止控制。在新增加的梯形图第1条中，按下正常停止按钮 SB3 时，触点

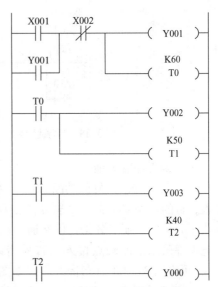

图3-37　顺序起动和紧急停止控制程序

X003 闭合，M1 得电并自锁，定时器 T3 开始定时，然后依次起动 T4、T5，进入正常停止过程；定时器各自的常闭触点串联到前4条的梯形图中，如图中虚线框内所示，使线圈 Y000、Y003、Y002、Y001 依次失电，T2、T1、T0 依次复位；当最后 Y001 失电后，其常开触点断

开，使 T3、T4、T5 复位，为下一次操作作好准备。对过载情况的处理，根据控制要求，将各热继电器的触点接入到梯形图中点画线框所示位置，其作用请读者自行分析。

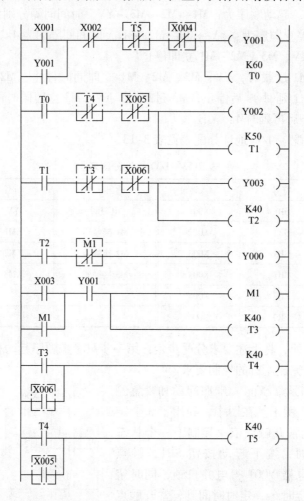

图 3-38　顺序起动、紧急停止、正常停止和过载保护控制程序

11. 编程注意事项

（1）关于输入元件的动断触点　在上述实例中，停止按钮和热继电器都采用动合触点接入，目的是使初学者方便学习，因为如图 3-19 所示的梯形图和习惯的继电—接触器控制电路十分一致，便于分析。但在通常的控制电路中，为了达到控制的可靠性，停止按钮和热继电器都采用动断触点接入。若采用动断触点接入（起动按钮 SB1 还是采用动合触点接入），可将图 3-19 的梯形图改写成如图 3-39 所示。

由于停止按钮（SB2）、热继电器（FR）采用动断触点，所以梯形图中的常开触点 X001、X002 在停止按钮（SB2）、热继电器（FR）未动作时都是闭合的，当 SB1（X000）闭合时，线圈（Y000）得电，并自锁。常闭触点 X002 在热继电器（FR）未动作时是断开的，输出线圈 Y001 不会得电。

（2）线圈位置不对的梯形图及转换　线圈位置不对的梯形图如图 3-40a 表示。从图中看出，该梯形图的目的是在触点 A、B、C 都闭合时，线圈 F 得电。但在梯形图中线圈必须

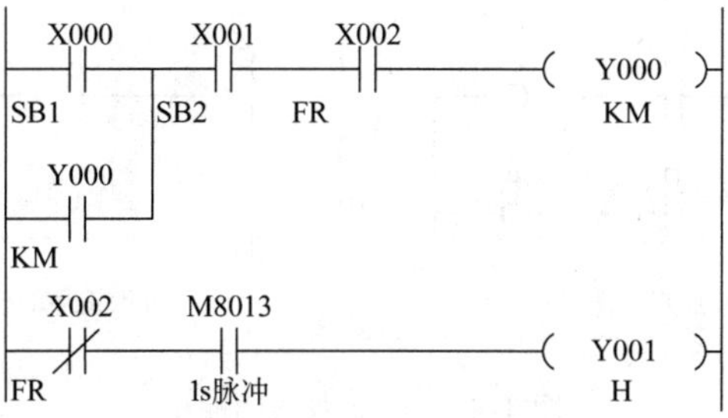

图 3-39 停止按钮、热继电器采用动断触点的梯形图

在最右边,可将图 3-40a 转换成图 3-40b 所示。

a) 错误的梯形图　　　　　　　b) 转换后的梯形图

图 3-40 线圈位置不对的梯形图及转换

(3) 桥式电路　桥式电路如图 3-41a 所示,从图中看出该电路的目的是在触点 A 与 B 闭合或触点 C 与 D 闭合或触点 A 与 E 与 D 闭合或触点 C 与 E 与 B 闭合时,线圈 F 得电。但梯形图没有此类表示方法,应将图 3-41a 转换成图 3-41b,才能正确地写入 PLC 存储器。

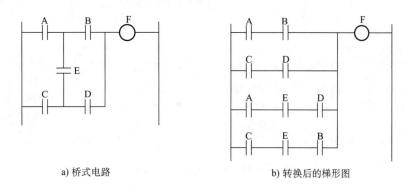

a) 桥式电路　　　　　　　　b) 转换后的梯形图

图 3-41 桥式电路的转换

(4) 同名双线圈输出及其对策　图 3-42a 所示为同名双线圈输出梯形图。在编程语法上,该梯形图并不违反规定,但在实际执行中,其结果有时会和编程者的要求有所不同。编程者希望当触点 A、B 闭合或触点 C、D 闭合或四个触点都闭合时,线圈 F 均会得电。但在实际执行中,当触点 A、B 闭合,而触点 C、D 断开时,线圈 F 并不得电。这是因为 PLC 采用循环扫描的处理方式。在输入采样后,中央处理器对梯形图自上而下进行运算。在运算第一条电路时,线圈 F 得电;在运算到第二条电路时,线圈 F 失电。在输出刷新时,以最后的运算结果为标准进行输出。为了准确地达到控制要求,可将图 3-42a 改造成图 3-42b 所示。

(5) 注意梯形图的结构

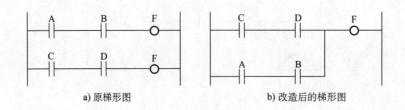

图 3-42　同名双线圈输出

1）宜将串联电路多的部分画在梯形图上方。图 3-43a 所示的梯形图可改画成图 3-43b 所示的梯形图。改画后，梯形图的功能不变，但可少写 ORB 指令，减少指令数，使程序更趋合理。

2）宜将并联电路多的部分画在梯形图左方。图 3-44a 所示的梯形图也可改画成图3-44b 所示的梯形图，同样，改画后梯形图功能不变，但可少写 ANB 指令。

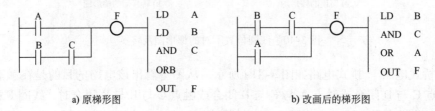

图 3-43　合理安排串联电路

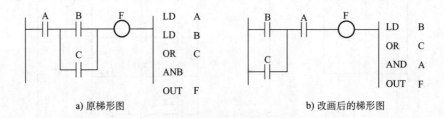

图 3-44　合理安排并联电路

以上讲述了在编写单元程序时的一些注意事项。在编制整个完整的控制程序时，还有更重要的问题要考虑，这些将在后面结合实际事例再作讨论。

第四节　应用指令和步进指令

在第二、三节中详细地介绍了基本指令的功能及使用方法，本节仍以 FX2N 系列 PLC 为例介绍常用的应用指令和步进指令。

一、常用的应用指令

应用指令共有 128 条，因篇幅有限，本节共介绍 9 条，其余可详见《编程手册》。

应用指令的操作码有一个统一的格式，如图 3-45 所示。图中 1、2、3 为操作码，4 为操作数。操作数有两种：通过执行指令不改变其内容的操作数称为源，用 $\boxed{S\cdot}$ 表示；通过执行指令改变其内容的操作数称为目标，用 $\boxed{D\cdot}$ 表示。源和目标的用法将在后面结合实例进行说明。

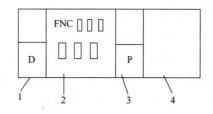

图 3-45 应用指令的格式
1—使用 32 位指令的指令　2—应用指令的功能号及指令符号　3—脉冲执行指令的指令　4—操作数

1. 条件跳转指令 CJ

CJ 指令的功能号为 00。其功能是在条件成立时，跳过不执行的部分程序。条件跳转指令的应用如图 3-46 所示。图中 P8 为操作数，它表示当条件符合时所要跳转到的位置。

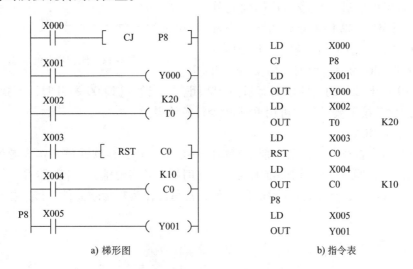

a) 梯形图　　　　　　　　　b) 指令表

图 3-46 条件跳转指令的应用

在触点 X000 未闭合时，梯形图中的输出继电器 Y000、Y001 及定时器、计数器都分别受到触点 X001、X002、X003、X004、X005 的控制。当触点 X000 闭合时，在跳转指令到标号所在指令间的梯形图都不被执行。具体表现为：输出继电器 Y000 不论触点 X001 闭合与否，都保持触点 X000 闭合前的状态；定时器 T0 停止计时，即触点 X002 闭合，定时器不计时，触点 X002 断开，定时器也不复位；计数器 C0 停止计数，触点 X003 闭合不能复位计数器，触点 X004 的通断也不能使计数器计数。由于 Y001 在标号 P8 后面，所以不受 CJ 指令的影响。若采用 CJP 指令，则表示在 X000 由断开转为闭合之后，只有一次跳转有效。

当跳转指令和主控指令一起使用时，应遵循如下规则：

1) 当要求由 MC 外跳转到 MC 外时，可随意跳转。
2) 当要求由 MC 外跳转到 MC 内时，跳转与 MC 的动作有关。
3) 当要求由 MC 内跳转到 MC 内时，若主控断开，则不跳转。
4) 当要求由 MC 内跳转到 MC 外时，若主控断开，则不跳转；若主控接通，则跳转，但 MCR 无效。

由于主控指令和跳转指令一起使用较为复杂，建议初学者最好不要同时使用，以避免一些意想不到的问题出现。

2. 比较指令 CMP

CMP 指令的功能号为 10。其功能是将两个源数据字进行比较,所有的源数据均按二进制处理,并将比较的结果存放于目标软元件中。其中两个数据字可以是以 K 为标志的常数,也可以是计数器、定时器的当前值,还可以是数据寄存器中存放的数据。目标软元件为 Y、M、S。比较指令的应用如图 3-47 所示。在图中当触点 X000 闭合时,将常数 10 和计数器 C20 中的当前值进行比较。目标软元件选定为 M0,则 M1、M2 即被自动占用。当常数 10 大于 C20 的当前值时,触点 M0 闭合;当常数 10 等于 C20 的当前值时,触点 M1 闭合;当常数 10 小于 C20 的当前值时,触点 M2 闭合。当触点 X000 断开时,不执行 CMP 指令,但以前的比较结果被保存,可用 RST 指令复位清零。

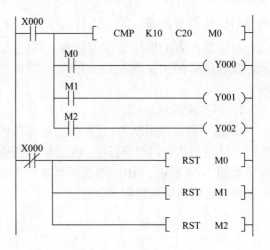

图 3-47 比较指令的应用

3. 传送指令 MOV

MOV 指令的功能号为 12。其功能是将源的内容传送到目标软元件。作为源的软元件可以是输入/输出继电器 X、Y、辅助继电器 M、定时器 T(当前值)、计数器 C(当前值)和数据寄存器 D。以上软元件除输入继电器 X 外,都可以作为目标软元件。传送指令的应用如图 3-48 所示。

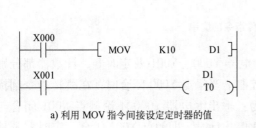

a) 利用 MOV 指令间接设定定时器的值

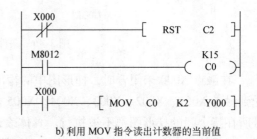

b) 利用 MOV 指令读出计数器的当前值

图 3-48 传送指令的应用

在图 3-48a 中,当触点 X000 闭合时,MOV 指令将常数 10 传送到数据寄存器 D1,作为定时器 T0 的设定值。在图 3-48b 中,当触点 X000 闭合时,MOV 指令将计数器的当前值送到输出继电器 Y000~Y007 输出。图 3-48b 中 K2Y000 是将位元件组合成字元件的一种表示方法。在 PLC 中,将 X、Y、M、S 这些只处理闭合/断开信号的软元件称为位元件;将 T、C、D 处理数值的软元件称作字元件。位元件可通过组合来处理数据,它以 Kn 与开头软元件地址号的组合来表示。当为 4 位位元件组合时,$n=1$,表示用 4 个连续的位元件来代表 4 位二进制数。上例中的 K2Y000 表示 Y000~Y007,即将计数器 C0 的当前值在 Y000~Y007 上以二进制的形式输出。

4. 二进制加法指令 ADD 和减法指令 SUB

ADD 指令的功能号为 20。其功能是将 2 个源数据进行代数加法，相加结果送入目标所指定的软元件中。各数据的最高位为符号位，0 表示正，1 表示负。16 位加法运算时，运算结果大于 32767 时，进位继电器 M8022 动作；运算结果小于等于 −32768，借位继电器 M8021 动作。加法指令的应用如图 3-49 所示，当触点 X000 闭合时，常数 K120 和数据寄存器 D0 中存储的数据相加，并把结果送入目标数据寄存器 D1。

SUB 减法指令的功能号为 21。其功能是将 2 个源数据进行代数减法，相减结果送入目标所指定的软元件中。数据符号和进位、借位标志同二进制加法指令。减法指令的应用如图 3-49 所示。当触点 X001 闭合时，数据寄存器 D2 中存储的数减去常数 180，并把结果送入目标数据寄存器 D3。

图 3-49　加法与减法指令的应用

5. 位右移指令 SFTR 和位左移指令 SFTL

SFTR 指令的功能号为 34，SFTL 指令的功能号为 35。其功能是对 n_1 位（目标移位寄存器的长度）的位元件进行 n_2 位的位左移或位右移。其功能可以用图 3-50 形象地表示。

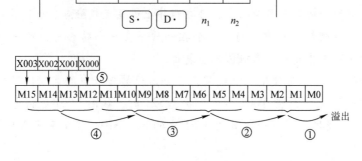

图 3-50　SFTR 指令的应用

在图 3-50 中，指令 SFTRP 的中"P"表示脉冲执行指令，触点 X000 每闭合一次，就执行一次位右移指令。若使用 SFTR 则连续执行指令，在每个扫描周期内，都执行一次右移位指令。图中 $n_1 = 16$，表示被移位的目标寄存器长度为 16 位，即 M0 ~ M15；$n_2 = 4$，表示在移位中移入的源数据为 4 位，即 X000 ~ X003。位右移时 M0 ~ M3 中的低 4 位首先被移出，M4 ~ M7、M8 ~ M11、M12 ~ M15、X000 ~ X003 以四位为一组依次向右移动。

位左移也有相同的功能，所不同的是在移位时，最高的 n_2 位首先被移出，低位的数据

以 n_2 位为一组向左移动,最后源数据数从低 n_2 位移入。

二、步进指令 STL 和返回指令 RET

步进指令(STL)是利用内部软元件进行工序步进式控制的指令。返回指令(RET)是状态(S)流程结束,用于返回主程序(母线)的指令。按一定规则编写的步进梯形图(STL 图)也可作为状态转移图(SFC)处理,从状态转移图反过来也可形成步进梯形图。

STL 和 RET 指令的符号、名称、功能、梯形图见表 3-14,表中图示和实际软件绘制的梯形图略有不同。

表 3-14 步进指令和返回指令

符号	名称	功能	梯形图
STL	步进	步进阶梯开始	─┤ STL ├──┤ ├──( )
RET	返回	步进阶梯结束	────[RET]────

说明:

1) 步进状态的地址号不能重复,如图 3-51 中的 S0、S20、S21。

2) 如果某状态的 STL 触点闭合,则与其相连的电路动作;如果该 STL 触点断开,则与其相连的电路停止动作。

3) 在状态转移的过程中,有一个扫描周期的时间内,两个相邻状态会同时接通。为了避免不能同时接通的一对触点同时输出,可在程序上设置互锁触点。也因为这个原因,同一个定时器不能使用在相邻状态中。因为两个相邻状态在状态转移时,有一个同时接通的时间,致使定时器线圈不能失电,当前值不能复位。

4) 在步进梯形图中,可使用双重线圈,不会出现第三节中同名双线圈输出的问题。在图 3-51 中,状态 S20 时,线圈 Y001 得电;状态 S21 时,线圈 Y001 也得电。

5) 状态转移可使用 SET 指令。如图 3-51 中的 SET S20,其中触点 X000 是状态转移条件。

SFC 的图形如机械控制的状态流程图。在 SFC 中,方框"☐"表示一个状态,起始状态用双线框表示;方框右侧表示在该状态中被驱动的输出继电器,这个将在下一章详细介绍;方框与方框之间的短横线表示状态转移条件;不属于 SFC 图的电路采用助记符 LAD 0 和 LAD 1 表示。

至此,我们已经介绍了 FX2N 系列可编程序控制器的大部分基本指令和部分应用指令、步进指令,这些指令是工业控制中的常用指令。各厂商生产的可编程序控制器,虽然编程指令不一样,但这些指令却基本相同,具有很强的通用性,读者在上述指令的基础上,很容易掌握其他可编程序控制器的指令和编程方法。

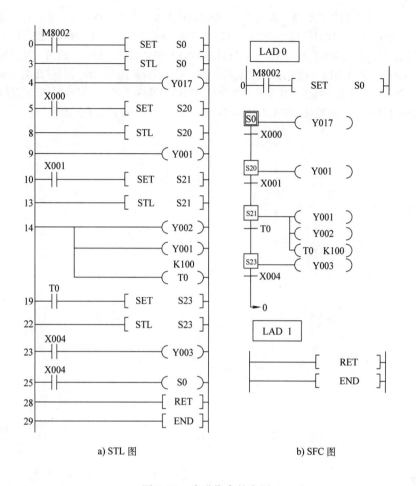

a) STL 图   b) SFC 图

图 3-51 步进指令的应用

习　题

1. PLC 常用的编程语言有哪几种？
2. FX2N 中软元件的编号有何规律？
3. FX2N 中单个定时器最大定时时间是多长？
4. 哪些软元件在电源掉电时，状态能保持？哪些被复位？
5. 用 X000、X001 为各输入点，Y000 为输出点，各画出它们符合与、或、异或、同或关系的梯形图。
6. 设计一计数器，其计数次数为 50000 次。
7. 设计四地控制的十字路口路灯的控制梯形图。
8. 说明可编程序控制器不允许双重输出的道理。
9. 设计一个延时开和延时关的梯形图。输入触点 X001 接通 3s 后输出继电器 Y000 得电，之后输入触点 X001 断开 2s 后输出继电器 Y000 失电。
10. 用两个定时器设计一个定时电路：当 X000 接通时，Y000 立即接通；当 X000 断开 10s 后，Y000 才断开。
11. 设计一梯形图：当按钮 X000 按下，Y00 接通并保持；当按钮 X001 按三次（用 C1 计数）后，T1 开始定时，定时 5s 后使 Y000 断开，C1 复位。

12. 16只三色节日彩灯按红、绿、黄、白……顺序循环布置，要求每1s移动一个灯位。通过一个方式开关选择点亮方法：(1) 每次只点亮1只灯泡；(2) 每次顺序点亮4只灯泡。试设计控制程序。

13. 自动门的控制由电动机正转（Y000）、反转（Y001）带动门的开和关。门内、外侧装有人体感应器（常开，内X000、外X001）探测有无人的接近，开、关门行程终端分别设有行程开关（常闭，开到位X002、关到位X003）。当任一侧感应器作用范围内有人，感应器输出ON，门自动打开至开门行程开关开到位止。两感应器作用范围内超过10s无人时，门自动关闭至关门行程开关关到位止。

第四章 可编程序控制器的应用

本章介绍 PLC 在生产实践中的应用，它包括 PLC 控制系统的硬件设计和软件设计，主要介绍顺序控制的设计调试方法。由于实际被控对象千变万化，PLC 在各系统中承担的职责也不尽相同，所以本章叙述的方法和步骤只是起到入门引导的作用，具体问题还有待读者在实践中深化。

第一节 控制系统的设计步骤和 PLC 选型

在改造老设备或设计新控制系统时，可以设计一个以可编程序控制器为核心的控制系统，这时必须要考虑三个问题：一是保证设备的正常运行；二是合理、有效的资金投入；三是在满足可靠性和经济性的前提下，应具有一定的先进性，能根据生产工艺的变化扩展部分功能。因此，设计一个符合控制要求的控制系统，选择符合控制要求的可编程序控制器机型，是可编程序控制器应用中的关键点。

本节以独立 PLC 控制系统为例，说明 PLC 控制系统的设计步骤。

1. 分析被控对象，明确控制要求

一般地说，应首先向有关工艺、机械设计人员和操作维修人员详细了解被控设备的工作原理、工艺流程和操作方法，了解被控对象机械、电气、液压传动之间的配合关系，确定被控制对象的控制要求。在此基础上画出被控制对象的工作流程图，并送相关部门会审、认可。

2. 确定输出/输入设备及信号特点

根据系统的控制要求，确定系统的输入设备数量及种类，如按钮、开关、传感器等；明确各输入信号的特点，如是开关量还是模拟量、直流还是交流、电压等级、信号幅度等；确定系统的输出设备数量及种类，如接触器、电磁阀、信号灯等；明确这些设备对控制信号的要求，如：电压电流的大小、直流还是交流、电压等级、开关量还是模拟量等。据此确定 PLC 的 I/O 设备的类型及数量。

3. 选择可编程序控制器

PLC 机型选择的基本原则是在满足控制要求的前提下力争最好的性能价格比，并有良好的售后服务。在选择时，有以下几点事项可供参考：

（1）输出/输入类型　根据输入信号的类型是开关量、数字量还是模拟量，选择与之相匹配的输入单元。根据负载的要求选用合适的输出单元。

（2）结构形式　小型 PLC 中，整体式比模块式便宜，体积也较小，只是硬件配置不如模块式灵活。如：整体式 I/O 点数之比一般为 3∶2，实际应用中一般 PLC 可能与此比值相差甚远，模块式就能很方便地变换此比值。此外，模块式的 PLC 故障排除时间较短。

（3）I/O 的点数　I/O 点数要符合生产要求，并有一定的余量，考虑到增加点数的成本，在选型前应将输入、输出点作合理的安排，从而实现用较少的点数来保证设备的正常操

（4）内存容量　PLC 的用户程序存储器容量以步为单位，每步可储存一条指令。对于仅有开关量控制功能的小型 PLC，可把 PLC 的总点数乘以 10，作为估算用户存储器容量的依据。当然存储器容量的大小要根据具体产品型号而定，同时，用户程序的长短与编程方法和技巧有很大的关系。

（5）响应速度　PLC 输入信号与相应的输出信号间有一定的时间延迟，称响应延迟时间。它包括输入滤波器的延迟时间（5~10ms），扫描工作方式引起的延迟时间（最长为 2~3 个扫描周期），以及输出电路的延迟时间。延迟时间对大多数设备来说无关紧要，但对某些要求快速响应的被控对象，则应选用扫描速度比较快的 PLC，或采取相应的措施。

（6）通信功能　如果要求多台 PLC 或 PLC 与其他智能化控制设备组成自动控制网络，则应考虑选择有相应通信联络功能的 PLC。

（7）编程软件　目前通常采用计算机配以各种编程软件，能适用于不同类型的 PLC，可明显提高程序的编写和调试速度。

（8）系列化　从长远和整体观点出发，一个企业最好优选一个 PLC 厂家的系列化产品，这样可以减少 PLC 的备件，以后建立自动化网络也较方便，而且只需购置一套编程软件，可实现资源共享。

（9）售后服务　供应厂商能否帮助培训人员，帮助安装、调试，提供备件、备品，并且保证维修等，以减少后顾之忧。

4. 分配 I/O 点地址

根据已确定的 I/O 设备和选定的可编程序控制器，列出 I/O 设备与 PLC 的 I/O 点的地址对照表，以便于编制控制程序和设计接线图及进行硬件安装。所以输入点和输出点分配时要有规律，并考虑信号特点及 PLC 公共端（COM 端）的电流容量。

5. 设计电路

电路包括被控制设备的主电路及 PLC 外部的其他控制图、PLC I/O 接线图、PLC 主机、扩展单元及 I/O 设备供电系统图、电气控制柜结构及电器设备安装图等。

6. 设计控制程序

控制程序的设计包括状态表、状态转换图、梯形图、指令表等。

7. 调试

调试包括模拟调试和联机调试。模拟调试是根据 I/O 单元指示灯显示、不带输出设备的调试。联机调试分两步进行，首先连接电气柜，不带负载（如：电动机、电磁阀等），检查各输出设备的工作情况。待各部分调试正常后，再带上负载运行调试。

全部调试完成后，还要经过一段时间的试运行，以检验系统的可靠性。

8. 技术文件整理

技术文件包括设计说明书、电器元件明细表、电气原理图和安装图、状态表、梯形图及软件资料、使用说明书等。

在设计过程中，第 5 步设计电路图和第 6 步设计控制程序，若事先有明确的约定可同时进行。

PLC 控制系统设计的流程可概括成如图 4-1 所示。

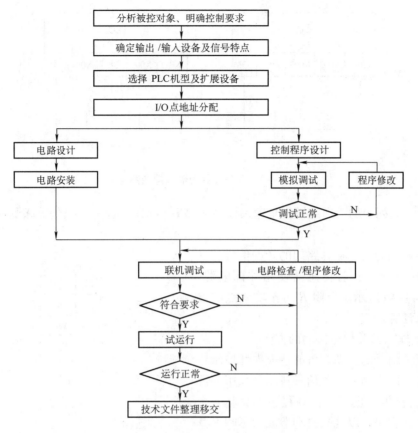

图 4-1 PLC 控制系统设计流程

第二节 PLC 外围电路设计

合理地设计 PLC 的外围电路是整个控制系统设计的一个重要环节，也为后面的程序设计奠定了基础。本节主要讲述 PLC I/O 电路的设计及对 PLC 供电及接地设计等问题。

一、PLC 输入电路的设计

1. 根据输入信号类型合理选择输入单元

在生产过程控制系统中，常用的输入信号有开关量、数字量和模拟量等。若为开关量输入信号，应注意开关信号的频率。当频率较高时，应选用高速计数模块。若为数字量输入信号，应合理选择电压等级。按电压等级一般可分为交、直流 24V，交、直流 120V 和交、直流 230V 或使用 TTL 及与 TTL 兼容的电平。若为模拟量输入信号，应首先将非标准模拟量信号转换为标准范围的模拟量信号，如 1~5V、4~20mA，然后选择合适的 A/D 转换模块。当信号长距离传送时，使用 4~20mA 的电流信号为佳。

2. 输入元件的接线方式

开关元件的输入接线如图 4-2 所示。一般要求所有开关、按钮均为常开状态。它的常闭触点可通过软件在程序中反映，从而使程序清晰明了。图 4-2a 所示为 PLC 输入单元中含有内部电源的情况；图 4-2b 为输入单元中无内部电源，由用户外接电源的情况。

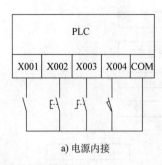 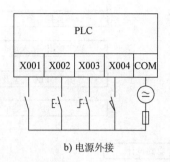

a) 电源内接   b) 电源外接

图 4-2　开关元件的输入接线图

以 FX2N 系列中的 4 通道模拟量输入模块 FX2N-4AD 为例，模拟量输入的接线图如图 4-3 所示。

传感器输出为集电极开路门的开关信号，其接线如图 4-4a 所示；若传感器使用外部电源，其接线如图 4-4b 所示。电阻 R 可按输入点的输入电流要求计算。

3. 防止输入开关信号抖动的方法

输入开关信号的抖动有可能造成内部控制程序的误动作。防止输入开关信号抖动可采用外部 RC 电路进行滤波，也可在控制程序中编制一个防止抖动单元程序，以滤除抖动造成的影响。其单元程序图见第三章单稳态控制程序，延时时间可视开关抖动的情况而定。

4. 减少输入点的方法

减少系统所需的 PLC 输入点是降低硬件成本的常用措施，具体方法有：

1）某些具有相同性能和功能的输入触点可串联或并联后再输入 PLC，这样它们只占 PLC 的一个输入点。

2）某些功能比较简单、与系统控制部分关系不大的输入信号可放在 PLC 之外，如图 4-5 所示，例如某些负载的手动按钮就可设置在 PLC 之外，直接驱动负载。这样，不但减少了输入点的数量，而且在 PLC 发生故障时，用 PLC 外的手动按钮直接控制负载，不至于使生产停止。又如电动机过载保护用的热继电器常闭触点提供的信号，可以从 PLC 的输入端输入，用程序对电动机实行过载保护；也可以在 PLC 之外，将热继电器的常闭触点与 PLC 的负载串联，后一种方法也节省了一个输入点，而且更简单实用。

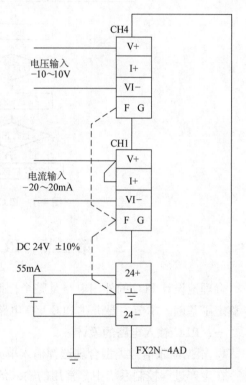

图 4-3　模拟量输入的接线图

3）若系统具有两种不同的工作方式，这两种工作方式不会同时出现，若一种方式工作时使用某个输入点，那么，这个输入点可以被另一种方式工作时使用。

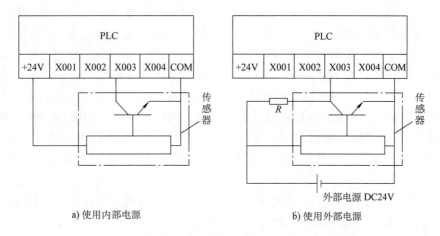

a) 使用内部电源   b) 使用外部电源

图 4-4 传感器输出为集电极开路门开关信号的接线图

4) 利用软件,使一个按钮具有多种功能。如前面已讲过的用一个按钮兼有起动、停止两种功能的梯形图。

5) 用矩阵输入的方法扩展输入点。将 PLC 现有的输入点数分为两组,如图 4-6 所示,这样的 8 个端子可扩展为 16 个输入端,若是 24 个端子则可扩展为 144 个输入端。为了防止输入信号在 PLC 端子上互相干扰,每个输入信号在送入 PLC 时都用二极管隔离,避免产生寄生回路。

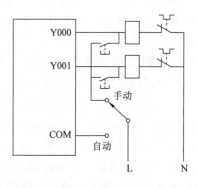

图 4-5 输入信号设置在 PLC 之外

PLC 的输入端采用矩阵的输入方式后,其输入继电器就不得再与输入信号一一对应,必须通过梯形图附加解码电路,用 PLC 辅助继电器代替原输入继电器,使输入信号和辅助继电器逐个对应。梯形图如图 4-7 所示。

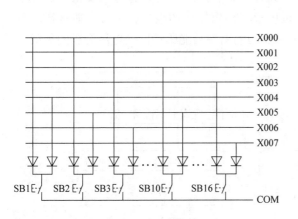

图 4-6 用矩阵输入扩展输入端

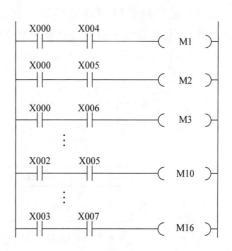

图 4-7 解码用梯形图

但应注意：在这种组合方式中，某些输入端并不能同时输入。如 SB3 和 SB16 同时闭合时，其本意是希望辅助继电器 M3 和 M16 得电。PLC 的输入端 X000、X006、X003、X007 同时出现输入信号，不但使辅助继电器 M3、M16 得电，X000 和 X007 的组合还导致线圈 M4 得电，X003 和 X006 的组合使 M15 也被驱动，其结果将造成电路失控。但从图中可看出，当按钮 SB1、SB2、SB3、SB4 同时闭合时，辅助继电器不会发生混乱，这是因为这四个输入端都有一条线接到 PLC 的 X000 端子上。当 SB4、SB8、SB12、SB16 或 SB5、SB6、SB7、SB8 同时闭合时，也没有问题。因为它们分别有一个公共端子 X007 和 X001。因此在安排输入端时，要考虑输入元件工作的时序，把同时输入的元件安排在这些允许同时输入的端子上。

此外，对于不同的机型，采用这种组合方式时，二极管的方向也会有所不同，这需要通过分析输入电路的实际电路结构来确定。

5. 留有余量

在设计中对 I/O 点的安排，应有一定的余量。当现场生产过程需要修改控制方案时，可使用备用的 I/O 点；当 I/O 单元中某一点损坏时，也可使用备用点，并在程序中作相应修改。

二、PLC 输出电路的设计

1. 根据负载类型确定输出方法

对于只接受开关量信号的负载，根据其电源类型及对输出开关信号的频率要求，选择继电器输出、晶体管输出或双向晶闸管输出模块。继电器输出电路可驱动交流负载，也可驱动直流负载，承受瞬间过电流、过电压的能力较强，但响应速度较慢，其开通与关断延迟时间约为 10ms；双向晶闸管输出电路的开通与关断时间约为 1ms 和 10ms，它只能带交流负载；晶体管输出电路的开通与关断时间均小于 1ms，但它只能带直流负载。对于需要模拟量驱动的负载，则应选用合适的 D/A 模块。

2. 输出负载的接线方式

输出负载和 PLC 的输出端相连接，其接线方式如图 4-8 所示。图 4-8a 为交流负载的接法：相线 L 进公共端 COM，受 PLC 控制，从 Y001～Y004 输出；负载的另一端相连，接零线 N。图 4-8b 为直流负载的接法，电源的正负极根据输出模块的极性，千万不能接错。不同电压等级的负载，应分组连接，共用一个公共点的输出端只能驱动同一电压等级的负载。

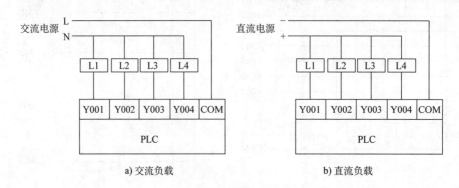

图 4-8 输出负载的接线图

3. 选择输出电流、电压

输出模块的额定输出电流、电压必须大于负载所需求的电流和电压。如果负载实际电流较大，输出单元无法直接驱动，可以加中间驱动环节。在安排负载的接线时，还应考虑在同一公共端所属输出点的数量，同时输出负载的电流之和必须小于公共端所允许通过的电流值。

4. 输出电路的保护

在输出电路中，当负载短路时，为避免 PLC 内部输出元件的损坏，应在输出负载回路中加装熔断器，进行短路保护。

若输出端接有直流电感性负载，则应在电感性负载两端并联续流二极管，续流二极管的额定工作电压应为电源电压的 2~3 倍；若是交流电感性负载，则应在其两端并联阻容吸收回路，如图 4-9 所示。实际使用中也常将所有的开关量输出都通过中间继电器驱动负载，以保证 PLC 输出模块的安全。

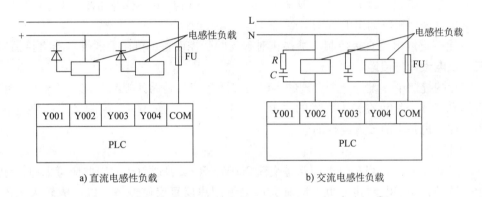

图 4-9 输出电路的保护

5. 减少输出点的方法

（1）分组输出 当两组负载不同时工作时，可通过外部转换开关或通过受 PLC 控制的继电器触点进行切换，如图 4-10 所示。图中当转换开关在"1"的位置时，接触器线圈 KM11、KM12、KM13、KM14 受控；当转换开关在"2"的位置时，接触器线圈 KM21、KM22、KM23、KM24 受控。

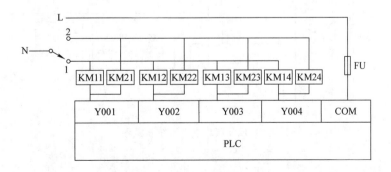

图 4-10 分组输出接线图

(2) 并联输出 当两负载处于相同的受控状态时，可将两负载并联后接在同一个输出端上。如某一接触器线圈和指示该接触器得电的指示灯，就可采用并联输出的方法。

(3) 矩阵输出 矩阵输出如图4-11所示。这种接法要注意两个问题：

1）矩阵输出中的负载和输出触点不是一一对应的关系，如若要求接触器KM4得电，则需要Y003和Y007同时有输出。这种方法给软件的编写增加了难度。

2）矩阵输出也存在着和矩阵输入同样的问题，即要求在某一时刻同时有输出的负载必须有一条公共的输出线，否则会带来控制错误。因此，在一般情况下，不建议采用矩阵输出的方法。

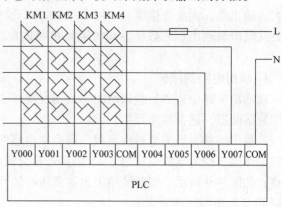

图4-11 矩阵输出接线图

(4) 用普通继电器直接控制 某些相对独立的受控设备也可用普通继电器直接控制。

三、供电设计与接地

在实际的控制中，设计一个合理的供电与接地系统，是保证控制系统正常运行的重要环节。虽然PLC本身允许在较为恶劣的供电环境下运行。但是，整个控制系统的供电和接地设计不合理，也是不能投入运行的。

1. 供电设计

在一般情况下，为PLC供电回路是交流220V、50Hz普通市电，因此应考虑电网频率不能有很大波动，在供电网路上也不应有大用电量用户反复启停设备，以造成较大的电网冲击。为了提高整个系统的可靠性和抗干扰能力，为PLC供电的回路可采用隔离变压器、交流稳压器、UPS等设备。

动力部分、PLC供电及I/O电源应分别配电，如图4-12所示。

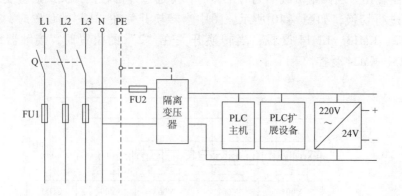

图4-12 PLC供电系统示意图

2. 接地处理

在以PLC为核心的控制系统中，有多种接地方法。为了安全使用PLC，应正确区分数字地、信号地、模拟地、交流地、直流地、屏蔽地、保护地等接地方法。在工程施工时，应很好地连接地线。它一般遵循以下几项原则：

1）采用专用接地或共用接地方式，如图4-13a、b所示，但不能使用串联接地的方式，如图4-13c所示。

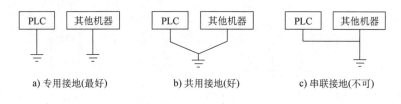

图4-13 接地方式

2）交流地和信号地不能使用同一根地线。
3）屏蔽地和保护地应各自独立地接到接地铜排上。
4）模拟信号地、数字信号地、屏蔽地的接法，按PLC厂商《操作手册》的要求连接。
由于篇幅所限，供电设计和接地可参考有关资料，这里不再详细叙述。

第三节 控制程序设计

控制程序的设计是PLC应用中的主要任务，设计方法根据使用者的经验和对PLC的熟悉程度而各不相同。本节以PLC应用得最多的顺序控制问题为例，介绍梯形图的设计，便于初学者尽快掌握程序设计方法。

一、基本电气控制

对于各种开关量控制系统，一般可分为联锁控制和按变化参量控制的两条基本控制原则。

所谓联锁控制，是在生产机械的各种运动之间，往往存在着某种相互制约的关系，通常采用联锁控制来实现。联锁控制的基本方法就是：用反映某一运动的联锁信号（触点）去控制另一运动相应的电路，实现两个运动的相互制约，达到联锁控制的目的。联锁控制的关键是正确地选择和使用联锁信号。

所谓按变化参量控制，是在生产机械和生产过程的自动化中，当仅用简单的联锁控制还不能满足要求时，往往需要根据生产工艺过程的特点以及它们各种不同的状态来进行控制。变化参量就是反映运动状态的那些物理量，如行程、时间、速度、数字、压力、温度等。

（一）图形转换法

图形转换法设计基础是继电器控制电路图，第一章中曾讲到继电器控制电路图和PLC控制梯形图都表示了输入和输出之间的逻辑关系，因此在小设备改造时，可将原继电—接触器控制电路直接"转换"成梯形图。现以"串电阻减压起动和反接制动的PLC控制"为例，作一简单介绍。

1. 分清主电路和控制电路

串电阻减压起动和反接制动控制电路如图4-14所示。图中点画线框内的是控制电路，点画线框外是主电路。

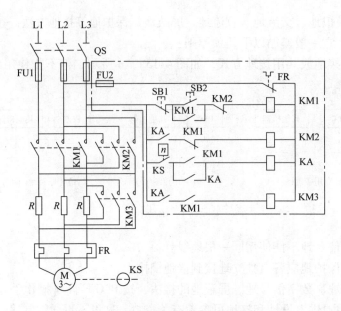

图 4-14 串电阻减压起动和反接制动控制电路

2. 确定 I/O 元件，分配地址

考虑到热继电器的触点不接入 PLC 的输入点，中间继电器 KA 用 PLC 的辅助继电器代替，所以 PLC 的输入元件为 SB1、SB2 和 KS，输出元件为 KM1、KM2 和 KM3。地址分配见表 4-1。

表 4-1 地址分配表

输入		输出		其他	
SB2	X000	KM1	Y000	KA	M20
SB1	X001	KM2	Y001		
KS	X002	KM3	Y002		

3. 主电路、PLC 的供电和 I/O 接线设计

去掉图 4-14 中点画线框中的控制电路，保留主电路；PLC 的供电和 I/O 接线如图 4-15a 所示，图中 PLC 的供电电压为交流 220V，所以通过熔断器 FU3 接到电源的 L 和 N 端；热继电器的动断触点连接在相线 L 和 PLC 的公共端 COM，起到过载保护的作用；由于 KM1、KM2 不能同时得电，所以 KM1、KM2 的动断辅助触点互锁。

4. 设计梯形图

将点画线框内的控制电路除热继电器的动断触点外，按照表 4-1 "转换"成梯形图，如图 4-15b 所示，读者可分析经 PLC 改造后的控制电路功能是否和改造前一致。

使用该方法能基本解决简单的控制电路改造。但要注意，并不是所有改造都能百分之百成功，如按钮的动合、动断触点组，按上述"转换"会出现问题，因为硬件结构的按钮，从动断触点的断开到动合触点的闭合有一个两个触点同时断开的状态，而按照循环扫描的方式工作的梯形图中的常开触点和常闭触点是没有这个现象的。

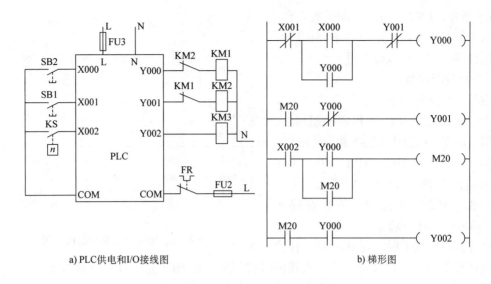

a) PLC供电和I/O接线图　　　　　　　　　　b) 梯形图

图 4-15　改造后的控制部分

（二）经验设计法

经验设计法是目前使用较为广泛的设计方法。所谓经验，即需要两个方面较为丰富的知识：一是熟悉继电器控制电路，能抓住控制电路的核心所在，能将一个较复杂的控制电路分解成若干个分电路，能熟练分析各分电路的功能和各分电路之间的联系；二是熟悉梯形图中一些典型的单元程序，如定时、计数、单稳态、双稳态、互锁、起停保、脉冲输出等。根据控制要求，运用已有的知识储备，设计控制梯形图。

用经验设计法设计如图 4-14 所示的串电阻减压起动和反接制动控制电路的梯形图，过程如下：

1. 绘制主电路和 I/O 接线图

I/O 元件地址分配，主电路、PLC 供电和 I/O 接线设计均同图形转换法所述。

2. 分析电路原理，明确控制要求

1）在起动时，按下起动按钮 SB2，KM1 线圈得电，KM1 主触点闭合，电动机串入限流电阻 R 开始起动；当电动机转速上升到某一定值（如 120r/min）时，KS 的动合触点闭合，中间继电器 KA 得电并自锁，其动合触点闭合，使得接触器 KM3 得电，KM3 主触头闭合，短接起动电阻，电动机转速继续上升，直至稳定运行。

2）制动时，按下停止按钮 SB1，使得接触器 KM1 失电，其动断触点闭合，因中间继电器 KA 得电并保持，所以 KM2 得电、KM3 失电，电动机处于反接制动状态，并串入电阻限制制动电流；当电动机转速快速下降到某一定值（如 100r/min）时，KS 动合触点断开，KM2 释放，电动机进入自由停车。

3. 根据控制要求编写梯形图

根据控制要求编写的梯形图如图 4-16 所示，从图中看出梯形图分三条：第一条是按下 SB2，KM1 得电并自锁，进入起动状态；第二条是在 KM1 得电起动后，转速上升到设定值时，KS 闭合，KM3 得电，短接起动电阻，进入运行状态；第三条是按下 SB1，KM2 得电（此时在第一条中 KM1 失电，第二条中 KM3 失电），进入制动状态，当转速下降到设定值时，KS 断开，KM2 失电，电动机进入自由停车。

从分析看出，该梯形图的条理比图形转换法清晰多了，调试也方便。

（三）逻辑函数设计法

逻辑函数设计法就是采用数字电子技术中的逻辑设计法来设计 PLC 控制程序，现以指示灯程序的设计来说明其设计过程。

将三个指示灯 HL0、HL1、HL2 接在 PLC 的输出 Y000、Y001、Y002 端子上，SB0、SB1、SB2 三个按钮分别接在输入 X000、X001、X002 端子上。要求：三个按钮中任意一个按下时，灯 HL0 亮；任意

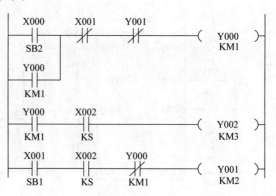

图 4-16 用经验法编写的梯形图

两个按钮按下时，灯 HL1 亮；三个按钮同时按下时，灯 HL2 亮；没有按钮按下时，所有灯都不亮。符合该要求的指示灯程序可按照下面的步骤编写：

1. 根据控制要求建立真值表

将 PLC 的输入继电器作为真值表的逻辑变量，得电时为"1"，失电时为"0"；将输出继电器作为真值表的逻辑函数，得电时为"1"，失电时为"0"；逻辑变量（输入继电器）的组合和相应逻辑函数（输出继电器）的值见表 4-2。

表 4-2 真值表

输入			输出		
X000	X001	X002	Y000	Y001	Y002
0	0	0	0	0	0
0	0	1	1	0	0
0	1	0	1	0	0
0	1	1	0	1	0
1	0	0	1	0	0
1	0	1	0	1	0
1	1	0	0	1	0
1	1	1	0	0	1

2. 按真值表写出逻辑表达式并化简

$Y000 = \overline{X000} \cdot \overline{X001} \cdot X002 + \overline{X000} \cdot X001 \cdot \overline{X002} + X000 \cdot \overline{X001} \cdot \overline{X002}$

$Y001 = \overline{X000} \cdot X001 \cdot X002 + X000 \cdot \overline{X001} \cdot X002 + X000 \cdot X001 \cdot \overline{X002}$

$Y002 = X000 \cdot X001 \cdot X002$

化简逻辑表达式，但以上逻辑表达式不需要化简。

3. 按逻辑表达式画出梯形图

上述逻辑表达式中等号右边的是输入触点的组合，"·"为触点的串联，"+"为触点的并联，"非"号表示为常闭触点；等号左边的逻辑函数就是输出线圈。将 $\overline{X000}$、$\overline{X001}$ 等用它们的常闭触点表示，符合上述逻辑表达式的梯形图如图 4-17 所示。

二、顺序控制

所谓顺序控制，就是在生产过程中，各执行机构按照生产工艺规定的顺序，在各输入信号的作用下，根据内部状态和时间的顺序自动有次序地操作。在工业控制系统中，顺序控制的应用最为广泛，特别在机械行业中，几乎都是利用顺序控制来实现加工的自动循环。顺序控制程序设计的方法很多，其中顺序功能图（SFC）设计法是当前顺序控制设计中最常用的设计方法之一。

（一）基础设计

1. 熟悉被控对象的工作过程

现以送料小车的工作过程为例予以说明，如图 4-18 所示，熟悉被控对象工作过程的目的是将工作过程分解成若干个状态。

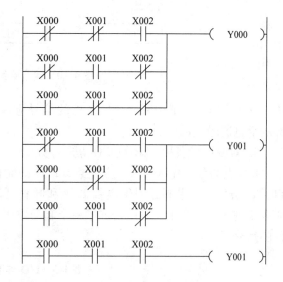

图 4-17 符合指示要求的梯形图

小车的工作过程为：开始时，小车处于最左端，装料开始，装料电磁阀 YC1 得电，延时 20s；装料结束，接触器 KM3、KM5 得电，向右快行；碰到限位开关 SQ2 后，KM5 失电，小车慢行；碰到 SQ4 时，KM3 失电，小车停，电磁阀 YC2 得电，卸料开始，延时 15s；卸料结束后，接触器 KM4、KM5 得电，小车向左快行；碰到限位开关 SQ1，KM5 失电，小车慢行；碰到 SQ3，KM4 失电，小车停，装料开始……如此周而复始。整个过程分为装料、右快行、右慢行、卸料、左快行、左慢行 6 个状态，如图 4-19 所示。

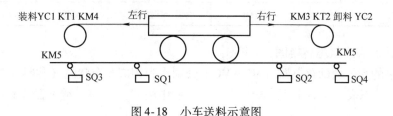

图 4-18 小车送料示意图

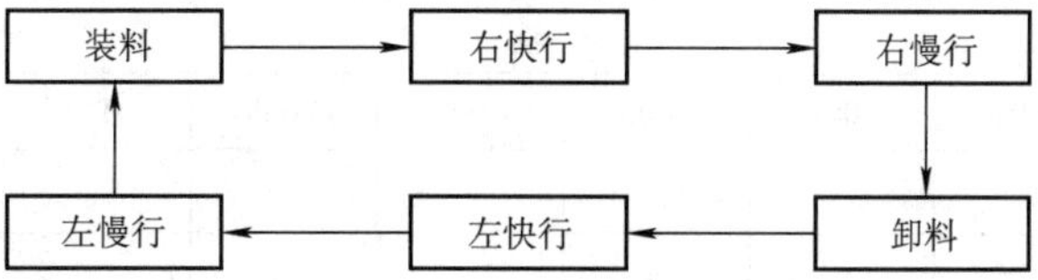

```
装料 → 右快行 → 右慢行
 ↑                    ↓
左慢行 ← 左快行 ← 卸料
```

图 4-19 小车送料流程图

2. 确定相邻状态的转换条件

相邻状态的转换条件如图 4-20 所示。从图中可以看出，从装料到右快行的状态转换条件，是延时继电器 KT1 延时时间到所发出的信号；从右快行到右慢行的状态转换条件，是行程开关 SQ2 受压；以后各状态的转换条件依次是：SQ4 受压、KT2 延时时间到、SQ1 受

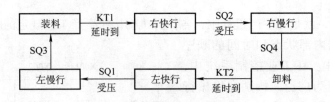

图 4-20 状态流程及转换条件

压、SQ3 受压。一般说来，转换条件的信号应取自于外界开关动作、传感器输出或 PLC 内部的继电器触点动作。

3. 对 I/O 设备按 PLC 的 I/O 点进行分配

I/O 点的分配见表 4-3。应注意，PLC 的时间继电器由软件构成，这里用内部定时器 T1、T2 分别表示装料延时继电器 KT1 和卸料延时继电器 KT2，因为它们不直接向外输出，所以不列在表 4-3 中。表中增加了一个起动按钮，用于起动送料小车的工作，停止和其他动作随后介绍。

表 4-3 I/O 点地址分配表

输 入			输 出		
设备		输入点	设备		输出点
起动按钮	SB1	X000	装料电磁阀	YC1	Y001
左快行限位开关	SQ1	X001	卸料电磁阀	YC2	Y002
右快行限位开关	SQ2	X002	右行接触器	KM3	Y003
左行限位开关	SQ3	X003	左行接触器	KM4	Y004
右行限位开关	SQ4	X004	快行接触器	KM5	Y005

4. 画出状态表或状态转换图

用 PLC 中的 6 个辅助继电器（M1～M6）分别作为相应 6 个状态（装料～左慢行）的状态标志，列出状态表，见表 4-4，表中"输出"栏中的"＋"表示继电器线圈得电。

表 4-4 状态表

状态名称	状态标志	输 出						状态转入条件
		Y001	Y002	Y003	Y004	Y005	T1	T2	
装料	M1	+					+		X003
右快行	M2			+		+			T1
右慢行	M3			+					X002
卸料	M4		+					+	X004
左快行	M5				+	+			T2
左慢行	M6				+				X001

上述状态表画成状态转换图会更为简单、直观。状态转换图的格式如图 4-21 所示。

结合状态转换图的格式，参照图 4-20 的状态流程及转换条件，用 PLC 内的辅助继电器 M1~M6，分别作为装料~左慢行 6 个状态的标志，并利用已分配的 I/O 地址，就可画出该小车送料过程的状态转换图，如图 4-22 所示。可以看出，此时除输入、输出以及各个状态采用 PLC 辅助继电器的地址外，状态转换图的形式与图 4-20 的形式近乎一致。

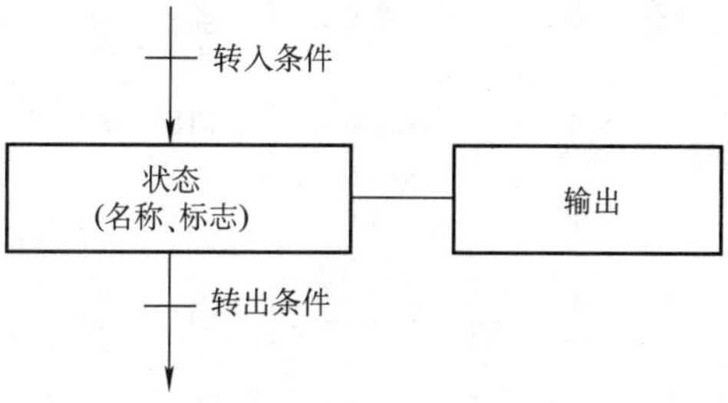

5. 使用步进指令编写梯形图

"状态"在工业控制中又称为"步"，PLC 中的步进指令是编写顺序控制最直接和有效的工具，结合图 4-22 所示状态转换图，采用步进指令编写的梯形图如图 4-23 所示。从图中看出，使用步进指令编写的梯形图不受同名双线圈的影响，不需要组合输出，可以在每个状态下直接输出，非常直观，其缺点是不够灵活。

6. 使用基本指令编写梯形图

根据上面介绍的状态表或状态转换图都可以编制出用户程序，当使用基本指令编写梯形图时，可参考以下方法。用基本指令编写的梯形图也有一定规律，且比较灵活，能适应各种状态的转换。

顺序控制程序应满足：当某一状态转移条件满足时，代表前一状态的辅助继电器失电，代表后一状态的辅助继电器得电并自锁，各状态依次顺序出现。对于初次应用 PLC 的读者，可以借助于如图 4-24 所示的"模板"，直接采用"套公式"的方法，得到用户程序。

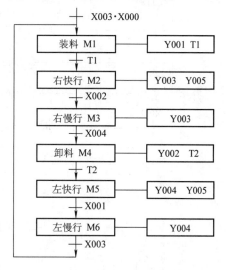

图 4-21 状态转换图的格式

图 4-22 状态转换图

"状态转换模板"有三个功能：①本步的激活，必须出现在上一步正在执行，且本步转入条件已经满足，而下一步尚未出现的情况下，才能实现；②本步的自锁，本步一旦激活，必须能自锁，确保本步执行，同时为下一步的激活创造条件；③本步的复位，下一步标志的常闭触点串联用于实现互锁，其作用是在执行下一步时复位本步。

"本步转入条件"可以是常开触点"⊢⊢"，可以是常闭触点"⊢/⊢"；也可以是触点的微分，如"⊢↑⊢"、"⊢↓⊢"；它们分别表示当和该触点相对应开关元件的"动合触点闭合"、"动断触点断开"、"动合触点闭合瞬间"和"动合触点断开瞬间"时条件成立。当然"本步转入条件"还可以是"触点的组合"，表示该触点组合的结果为 ON 时条件成立。

"组合输出模板"的含义也容易理解，具有某输出的各步标志并联，保证该输出继电器正常输出，并防止同名线圈重复输出的现象。

对于初次设计顺序控制程序的读者，可以借助于"模板"，编写梯形图。以"装料"状态为例，参照状态转换图代入"状态转换模板"，编制出一条梯形图，如图 4-25a 所示；以

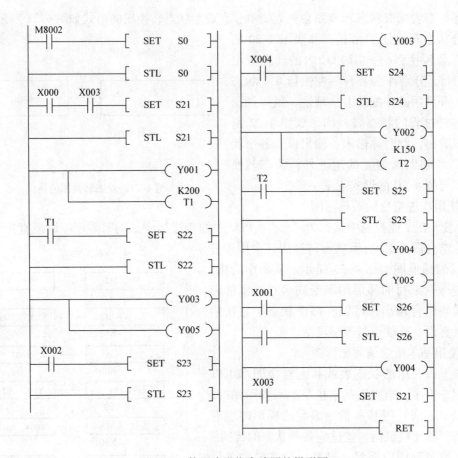

图 4-23 使用步进指令编写的梯形图

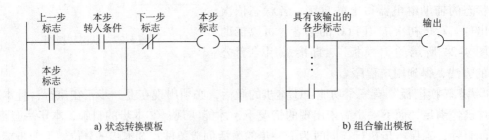

a) 状态转换模板　　　　　　　　　　b) 组合输出模板

图 4-24 使用基本指令的设计方法

输出 Y005 为例,参照状态表的"输出"栏代入"组合输出模板",如图 4-25b 所示。

对每一个状态运用"状态转换模板",对每一个输出运用"组合输出模板",就可得到图 4-22 所示状态转换图的梯形图,如图 4-26 所示。在装料状态的这一条梯形图上增加了点画线框内的内容,用于起动,其作用是小车在最左面装料点时,压合行程开关 SQ3(X003)是起动的条件,也就是说小车只有在装料位置时才能起动。

至此,一个按照状态转换图编写的梯形图已基本形成。但是该系统怎样停止?是急停还是循环停止?怎样控制循环?是多循环还是单循环?多循环时怎样控制循环次数?手动和自

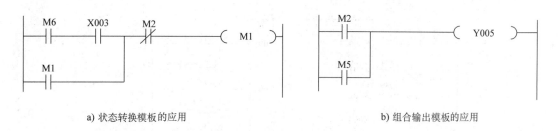

a) 状态转换模板的应用　　　　　　　　b) 组合输出模板的应用

图 4-25　模板的运用

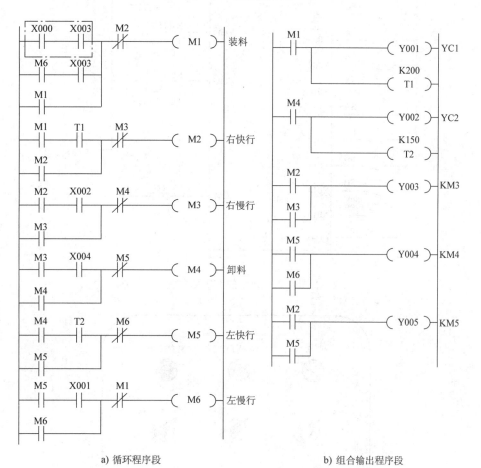

a) 循环程序段　　　　　　　　b) 组合输出程序段

图 4-26　基本指令设计的梯形图

动怎样切换？都还有待解决。

（二）综合设计

考虑到各种控制的需要，增加输入转换开关来切换多循环状态和单循环状态、手动状态和自动状态；增加按钮来控制起动、停止和手动操作。

现仍以前面介绍的小车送料为例加以说明，工作方式设置手动/自动、多循环/单循环两种选择，右行、左行、装料、卸料用四个手动按钮，用于手动方式时的手动控制操作。输入各点和选择开关、按钮、限位开关的分配见表 4-5；输出各点不变，PLC 的 I/O 接线图如图 4-27 所示，系统操作面板如图 4-28 所示。

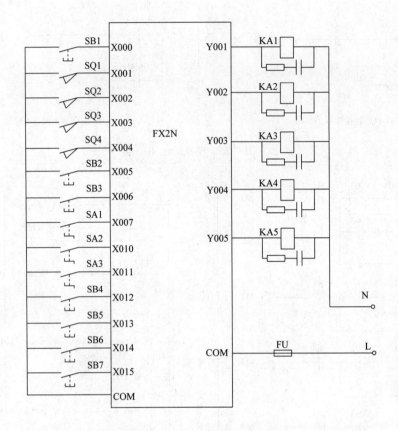

图 4-27 PLC 的 I/O 接线图

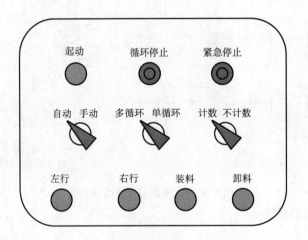

图 4-28 系统操作面板示意图

在图 4-27 左边的输入端,当转换开关 SA2 触点闭合时,使系统处于自动状态,反之为手动状态;SA1 触点闭合时,系统处于多循环状态,反之为单循环状态;SA3 触点闭合时为不计数状态,反之为计数状态。图中右边为输出端,考虑到 PLC 输出驱动负载的能力较小,用中间继电器过渡。中间继电器 KA1、KA2 分别驱动电磁阀 YC1、YC2,KA3~KA5 分别驱动接触器 KM3~KM5。

表 4-5 输入点分配表

输入设备		输入点	备 注
起动按钮	SB1	X000	动合触点
左慢行限位开关	SQ1	X001	动合触点
右慢行限位开关	SQ2	X002	动合触点
左行限位开关	SQ3	X003	动合触点
右行限位开关	SQ4	X004	动合触点
急停按钮	SB2	X005	动合触点
循环停按钮	SB3	X006	动合触点
单循环/多循环转换开关	SA1	X007	多循环时触点闭合
手动/自动转换开关	SA2	X010	自动时触点闭合
计数/不计数转换开关	SA3	X011	不计数时触点闭合
左行按钮	SB4	X012	动合触点
右行按钮	SB5	X013	动合触点
装料按钮	SB6	X014	动合触点
卸料按钮	SB7	X015	动合触点

根据生产要求，接通 PLC 的电源后，系统进入初始状态，用选择开关选择所需的工作方式。在执行自动方式前，应选择手动方式，使卸完料的小车返回装料处，这时，左行限位开关 SQ3 闭合。假设选择的是单循环工作方式，按下起动按钮 X000，小车应完成装料→右快行→右慢行→卸料→左快行→左慢行这一系列动作，然后停在装料处；如选择多循环方式，小车应反复连续地执行上述动作。若手动工作方式，则小车的动作全部受面板上手动按钮的控制。

1. 起动与急停

（1）起动设计 起动设计主要考虑的是起动条件，送料小车起动的条件是小车在装料位置，即压合行程开关 SQ3（X003），否则，按下起动按钮 SB1（X000）无效，不能起动，因此要将 X003 和 X000 串联。

（2）急停设计 急停设计可采用以下两种方法实现：

1) 将 X005（急停按钮 SB2）常闭触点设置在循环程序段的最前面，与 MC 指令联合使用，最后面使用 MCR 指令，如图 4-29a 所示。当按下急停按钮时，循环程序段的所有辅助继电器 M1~M6 均失电，导致在组合输出程序段的各输出点都无输出，送料小车停止一切动作；当急停按钮松开后，M1~M6 保持失电状态，组合输出程序段的各输出点也无输出。如需再一次起动，需要用手动控制的方法将小车左行到起点。

也可考虑设计一个初始化程序，在每次运行前，先让小车完成向右快行、右慢行、卸料，然后返回装料处等一系列初始化动作，再开始新一轮循环，使操作人员更方便。

2）将 X005（急停按钮 SB2）常闭触点设置在组合输出程序段的最前面，与 MC 指令联合使用，最后面使用 MCR 指令，如图 4-29b 所示。当按下急停按钮时，循环程序段的所有辅助继电器 M1～M6 均保持，但组合输出程序段的各输出点都无输出；当急停按钮松开后，因 M1～M6 状态保持，组合输出程序段的各输出点也恢复输出，系统将继续运行。

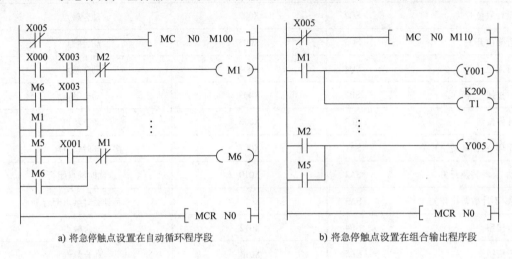

a）将急停触点设置在自动循环程序段　　　　b）将急停触点设置在组合输出程序段

图 4-29　急停设计

2. 单循环和多循环

所谓单循环就是在设备完成一个循环后，回到起点并自动停止；所谓多循环就是在设备完成一个循环后，回到起点且自动开始下一个循环。

仍以送料小车的控制为例展开讲解。在 PLC 输入端增接一个转换开关 SA1，SA1 闭合时，系统处于多循环状态；SA1 断开时，系统处于单循环状态。多循环/单循环转换控制的顺序功能图如图 4-30 所示。

图中的 SA1 位于装料状态的驱动处，用于多循环和单循环的切换。当 SA1 闭合（X007 闭合）时，就是一般的多循环状态：在小车左慢行到起点后，压合行程开关 SQ3，重新进入装料状态，开始下一个循环。当 SA1 断开（X007 断开）时，为单循环状态，此时，即使常开触点 M6、X003 闭合，也不会进入快进步，只能等待下一个起动信号。

应注意在单循环时，最后一步在动作完成后要能自动停止"左慢行"状态，这是由于单循环不能进入下一状态 M1，不能用 M1 的常闭触点来而使"左慢行"状态复位，而使该步一直处于活动状态。解决的方法是将 X003（起点的行程开关 SQ3）常闭触点和 M1 常闭触点串联在一起，以实现在小车回到起点位置时，复位"左慢行"状态。

3. 循环停止和急返

系统除紧急停止（急停）外，还有其他停止方式，如循环停止，按下循环停止按钮，系统并非立即停止，而是在系统做完一个循环才停止；又如急返，按下急返按钮，系统循原路返回，回到起始位置时停止。

（1）循环停止设计　根据循环停止的要求，循环停止其实就是在送料小车多循环的运

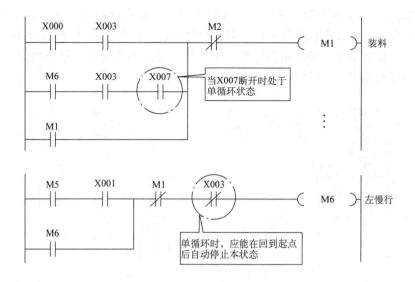

图 4-30 多循环/单循环转换

行过程中,将多循环/单循环转换开关从"多循环"切换到"单循环"处,使小车在一个循环后自动停止。当然也可不使用多循环/单循环转换开关,再单独设置一个循环停止按钮 SB3,连接到 X006。当按下 SB3 时,使小车处于单循环状态,如图 4-31 所示。

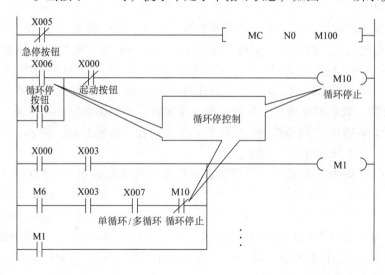

图 4-31 循环停止和紧急停止

(2) 急返设计 急返时需增加一个急返按钮,再加写一段急返程序,因篇幅限制,这里不再介绍。

4. 计数循环和不计数循环

所谓不计数循环就是上述多循环的例子,所谓计数循环就是在多循环的状态下,记录循环的个数,当循环个数达到设定值时自动停止。

仍以送料小车的控制为例展开讲解。在 PLC 输入端增接一个转换开关 SA3,连接到 PLC 输入端 X011,在梯形图中令其常开触点 X011 位于计数器的复位端。当 X011 闭合时,系统处于不计数状态；X011 断开时，系统处于计数状态。以起点行程开关 SQ3 的上升沿作为计数脉冲，每当小车回到起点就计数一次。但实际使用时，行程开关动合触点在闭合时震动较大，会产生多个脉冲信号，导致错误计数，这时可采用前面讲述的单稳态电路解决。计数/不计数的切换控制如图 4-32 所示。

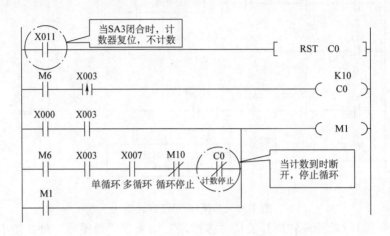

图 4-32　计数/不计数的切换控制

5. 自动和手动

自动控制和手动控制是控制系统中的两大控制方法。它们的关系可以是互逆的，不是自动，就是手动；也可以同时存在，但有优先关系。本节只介绍互逆关系的自动和手动控制。

增加手动/自动转换开关 SA2，接于 PLC 输入端 X010 处。当 X010 的常开触点闭合时，系统处于自动状态；当 X010 的常开触点断开时，系统处于手动状态，操作手动按钮 SB4、SB5、SB6 和 SB7，就能控制送料小车的进退和装卸料，控制梯形图如图 4-33 所示。

第一个 MC 和 MCR 之间是自动程序段，包括了前面所讲的起动、停止、计数、多循环/单循环等内容，图中未画出，用虚线表示。

第二个 MC 和 MCR 之间是手动程序段，梯形图中的小车进退、装卸料和自动程序段一样，通过内部辅助继电器 M20（左行）、M21（右行）、M22（装料）和 M23（卸料）过渡，将其常开触点并联在相关输出继电器的驱动触点上，其目的是为了防止输出同名双线圈。梯形图中串联行程开关的常闭触点 X003、X004 是为防止小车移动超程；串联 M20、M21 是为了防止左行和右行状态同时出现，用于互锁保护；串联常开触点 X003、X004，是使小车在起点才能装料，在终点才能卸料。

最后是组合输出程序段，将手动程序段中的辅助继电器输出的常开触点并联到相关的驱动处，如图 4-33 中点画线框所示。

6. 多工位循环的连接

所谓多工位循环是指一套设备中有多个工位，每个工位都按照自己的规律循环，但其循环又受到其他工位状态的限制。典型的例子就是自动生产线，假若该生产线有上料、搬运、加工和进仓四个工位依次排列。那么搬运工位一定要等到上料工位将物料准备好后，才能将物料搬走；而上料工位也只有当物料搬走后才能提供下一个物料；加工工位只有在搬运工位将物料搬到位后才能加工，而搬运工位也只有在加工工位完成加工后才能将物料放到加工位

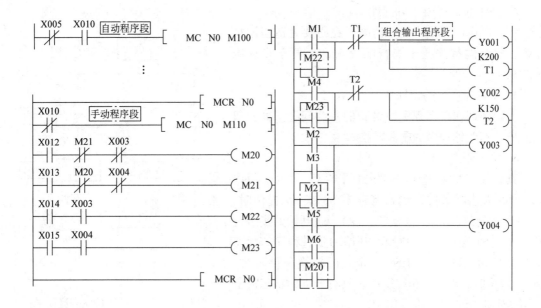

图 4-33 手动和自动程序控制

上……依次类推。

这个问题其实是几个小循环之间的配合问题，以搬运工位为例，通常搬运工位机械手的循环动作如图 4-34 所示，考虑到相邻工位的影响，需增加转换条件的限制，即从"14 手反转"到"1 手伸出"的转换条件"反转到位"应改为"反转到位·料准备好"，符合条件时才能将手伸出；同理，"7 手伸出"到"8 手下降"的转换条件"伸出到位"应改为"伸出到位·加工位空"，符合条件时才能将手下降。

顺序控制程序的编写还有很多方法，如应用移位指令也能便捷地设计控制程序，但这不是最主要的，因为只要有了顺序功能图，多加练习，都能学会顺序控制程序的设计。难的是学会怎样分析一个实际对象，从中提炼、抽象出控制流程，画出顺序功能图，希望读者多加练习。

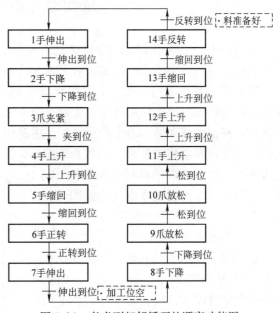

图 4-34 考虑到相邻循环的顺序功能图

编制程序后，即可进行调试，进入模拟运行阶段。

三、程序设计注意事项

1. 采用模块化编程方法

各模块的功能在逻辑上尽可能单一化、明确化，做到模块和功能一一对应。模块之间的联系及互相影响应尽可能地减少，对必要的联系应进行明确的说明。

2. 程序的编写要有可读性

程序风格应尽量明确、清晰，在必要处适当添加注释。规范的程序便于同行的交流，也便于日后维护。

3. 注意梯形图的特殊性

正确处理在单元程序中讲到的一些问题。如：双重输出、不能编程序的电路转换等。

4. 关于分支程序

具有分支的状态流程图如图 4-35 所示。图中 M2、M5 为选择条件，状态寄存器 S3 或 S5 置位时，S2 将自动复位。如果 S3 置位，执行 S3 开始的步进过程；如果 S5 置位，则执行 S5 开始的步进程序。状态寄存器 S7 由状态 S4 和 S6 中相应的转换条件置位。当 S7 置位时，S4 和 S6 被复位。具有分支的状态流程可用基本指令或步进指令编写。

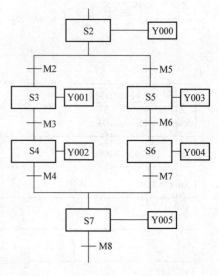

图 4-35 具有分支的状态流程图

第四节 应 用 实 例

本节再举一个应用实例，用 PLC 对老设备进行改造，以提高原设备的可靠性。通过具体实例的介绍，希望能使读者加深对 PLC 的了解，进一步提高应用 PLC 的能力。

HZC3Z 型轴承专用车床，主要用于轴承端面的切削。原设备采用继电—接触器控制，据设备使用厂家对同类机床设备故障调查的不完全统计，这些机床一般使用两年后，电气故障开始增多。尤其在恶劣的生产环境下，更易提前进入故障频繁期，机床故障停台率较高。又由于机床控制电路较复杂，给维修造成较大困难，且维修费用较高。为此，车间部门迫切需要对此类机床电气控制部分加以更新改造，以满足生产需要。

一、被改造设备概况

HZC3Z 型轴承专用车床的开关站面板示意图如图 4-36 所示。该设备出厂时提供的电气原理图中，所有符号均采用老国标，为方便读者阅读，已采用新国标对原图进行重画，重画后的新图如图 4-37 所示。图 4-38 为机床各部分动作示意图。图 4-39 为其液压控制原理图。元器件明细表见表 4-6。HZC3Z 型轴承专用车床为老设备，所用元器件，有些为国家淘汰机电产品，这里因只关注用 PLC 对其控制电路进行改造，所以继续沿用其元器件。

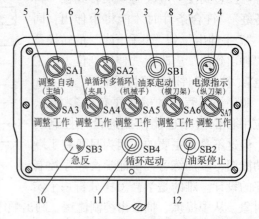

图 4-36 开关站面板示意图

1—单项调整或自动循环开关 2—一次循环或连续循环开关
3—油泵电动机起动和指示灯按钮 4—电源指示灯
5—主轴调整或工作开关 6—夹具调整或工作开关
7—机械手调整或工作开关 8—横刀架调整或工作开关
9—纵刀架调整或工作开关 10—机床各部急返按钮
11—机床循环起动按钮 12—油泵停止按钮

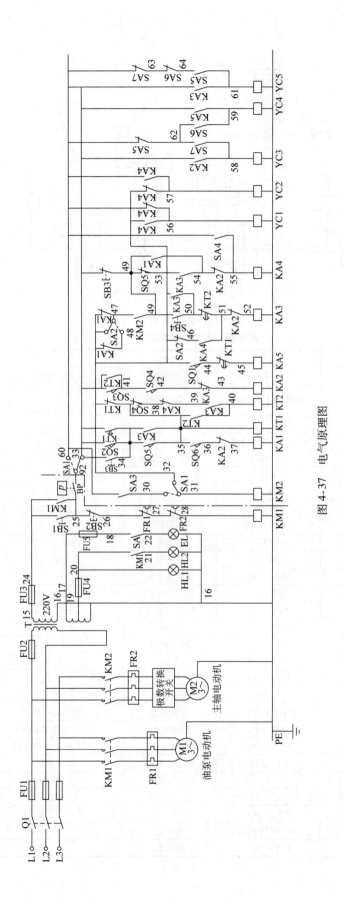

图 4-37 电气原理图

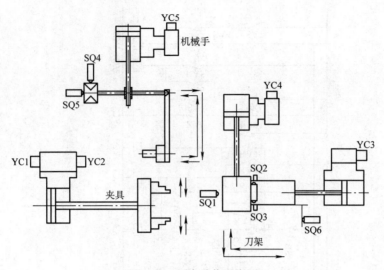

图 4-38 机床动作示意图

表 4-6 元器件明细表

序号	代号	型号	名称	规格	件数
1	M1	JO2−31−6T$_2$	油泵电动机	1.5kW 950r/min	1
2	M2	JDO2−51−8/6/4	主轴电动机	3.5/3.5/5kW 750/1000/1500r/min	1
3	Q1	HZ10−25/3	转换开关	三相 25A	1
4	SA	HZ5−40/16 M16	极数转换开关	380V 40A	1
5	FU1	RL1−60/35A	螺旋式熔断器	熔芯 35A	3
6	FU2、FU3、FU5	RL1−15/5A	螺旋式熔断器	熔芯 5A	3
7	FU4	RLX−1	螺旋式熔断器	熔芯 0.5A	1
8	T	BK500	控制变压器	380V/220V、36V、6.3V	1
9	HL1	XD1−6.3V	信号灯	6.3V 乳白色	1
10	EL	JC6	照明灯	36V（三节）	1
11	KM1	CJ10−10	交流接触器	220V 10A	1
12	KM2	CJ10−20	交流接触器	220V 20A	1
13	KA1~KA5	JZ7−44	中间继电器	220V	5
14	KT1~KT2	JS11−11A	时间继电器	220V 0~8s	2
15	SB1	LA19−11D	按钮	绿色 6.3V	1
16	SA3、SA4	LA18−11X2	转换开关	旋转式 黑色	2
17	SB4	LA19−11	按钮	绿色	1
18	SB2	LA19−11	按钮	红色	1
19	SB3	LA19−11J	急返按钮	红色	1
20	SA1、SA2、SA5~SA7	LA18−22X2	转换开关	旋转式 黑色	5
21	FR1	JR10−10	热继电器	11# 整定电流 5A	1
22	FR2	JR15−20/2	热继电器	12# 整定电流 14A	1
23	BP	DP−25B	压力继电器		1
24	YC1~YC5		交流电磁铁	带阀	5
25	SQ1~SQ3、SQ6	LX5−11	限位开关	220V	4
26	SQ4、SQ5	X2−N			2
27	JXB	JX2−1003+2507	接线板		
28	JXB	JX5−1011	接线板		

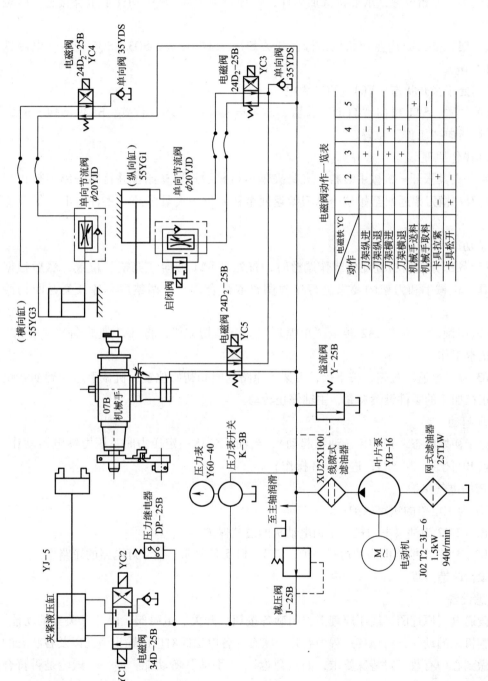

图 4-39 液压原理图

根据上述各图，电气传动工作原理如下：

1. 初始状态

1）机械手在原始位置，爪部持待加工件，行程开关 SQ4、SQ5 均处于压合状态，电磁铁 YC5 失电。

2）纵刀架、横刀架均在初始位，行程开关 SQ1、SQ2 释放，SQ3、SQ6 受压，电磁铁 YC3、YC4 失电。

3）夹具处于张开状态，YC1、YC2 失电。

4）开关位置：SA1 指向"自动"位置，SA2 指向"多循环"位置，SA3、SA4、SA5、SA6、SA7 均指向"工作"位置。

2. 循环操作原理

按 SB4→夹具张开→机械手装料→夹具夹紧→机械手返回初始位并持料→纵刀架进刀→横刀架进刀→横刀架返回至始位→纵刀架返回至初始位→夹具张开（零件落下）循环操作。

3. 调整功能

1）机床各部分需要检查动作或作调整时，首先将 SA1 转向"调整"位置，然后根据主轴、夹具、机械手和刀架的要求进行单独调整或配合调整。调整后，各开关返回初始状态。

2）在试切削时，可将 SA2 转至"单循环"处，试切完毕，将 SA2 钮旋向"多循环"处，进行正常工作。

3）SB3 为"急返"按钮，按下后，刀架顺原路返回到初始位置，机械手返回到初始位且持料，正在加工的零件继续夹紧，主轴停止转动。

4. 循环起动

机床处于初始状态，按 SB1（油泵起动），当油压到达一定压力时，压力继电器动作，其常开触点 BP 闭合。按 SB4，进入循环操作。

5. 机床的电气保护

1）FU1 为主电路的短路保护；

2）FR1、FR2 为油泵电动机、主轴电动机的过载保护；

3）FU2、FU3 为控制电路的短路保护，FU4、FU5 是照明、信号灯电路的短路保护。

二、设备改造过程

1. 熟悉设备

首先读通电气原理图、液压原理图，明确各按钮、开关、电磁阀、限位开关等的功能。到现场观察机床的动作，对循环过程中有几个状态、各电磁阀对应的输出情况以及各状态的转换条件做到心中有数。对特殊要求，如"急返"、"手动"等功能，要一一试验是否符合操作要求。同时，征求技术人员、操作工人对机床改造的意见，是否有新的动作要求，以便在编程时一并予以考虑。

2. 选用 PLC，分配 I/O 地址

由于该设备要求输出/输入均为开关量，根据其点数选用 FX2N-32MR 可编程序控制器。对输入/输出点分配见表4-7。

表 4-7 输入/输出点分配表

输入			输出		
元件名称、代号		输入点	元件名称、代号		输出点
自动/调整控制开关	SA1	X010	夹紧油缸推动电磁铁	YC1	Y000
一次/多次循环控制开关	SA2	X011	夹紧油缸拉动电磁铁	YC2	Y001
主轴调整转换开关	SA3	X012	刀架纵向动作电磁铁	YC3	Y002
夹具调整转换开关	SA4	X013	刀架横向动作电磁铁	YC4	Y003
机械手调整转换开关	SA5	X014	机械手电磁铁	YC5	Y004
横刀架调整转换开关	SA6	X015	主轴交流接触器	KM2	Y005
纵刀架调整转换开关	SA7	X016			
循环起动按钮	SB4	X017			
急返停止按钮	SB3	X000			
刀架纵进	SQ1	X001			
刀架横进	SQ2	X002			
刀架横退	SQ3	X003			
机械手返回	SQ4	X004			
机械手左移	SQ5	X005			
刀架纵退	SQ6	X006			

3. PLC 外围电路设计

改造后的接线可将图 4-37 点画线右面部分全部拆去,然后接上 PLC 主机,用压力继电器的触点作为 PLC 的电源开关。输入开关均为常开,输出应在其公共端串入 5~10A 熔断器作为短路保护,并在交流电感性负载上并联 RC 浪涌吸收电路($0.47\mu F + 100\Omega$),以抑制噪声的发生。PLC I/O 接线图如图 4-40 所示。

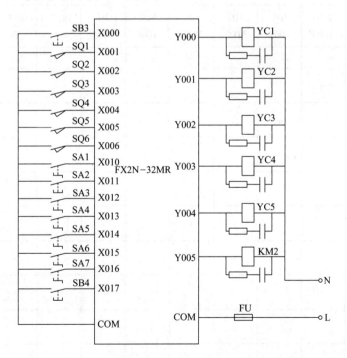

图 4-40 PLC I/O 接线图

4. 编写控制程序

根据控制要求，所编程序应符合图 4-41 所示的流程框图。按循环要求可设计状态表见表 4-8。程序结构框图如图 4-42 所示，图中前三阶梯图表示了调整、急返、自动间的逻辑关系，其中自动程序段中的顺序功能图如图 4-43 所示。详细梯形图不再赘述。

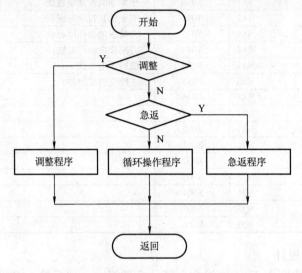

图 4-41 根据控制要求建立的流程框图

表 4-8 机床动作状态表

		输 出									状态转出条件
		1DT Y000	2DT Y001	3DT Y002	4DT Y003	5DT Y004	2C Y005	定时器1 T1	定时器2 T2	定时器3 T3	
初始	M1										X017
机械手选料	M2	+				+	+				X005
夹具夹紧	M3			+		+	+	+			T1
机械手返回	M4						+				X005 X004
刀架纵进	M5			+			+				X001
刀架横进	M6			+	+		+				X002
延时	M7			+	+		+		+		T2
刀架横退	M8			+							X003
刀架纵退	M9						+				X006
夹具张开	M10	+					+			+	T3

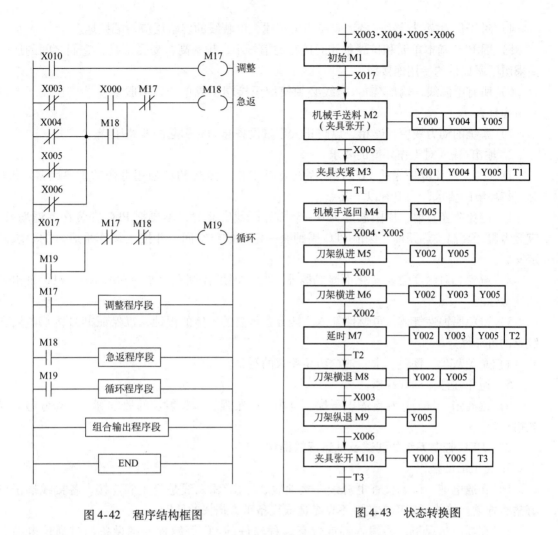

图 4-42　程序结构框图　　　　图 4-43　状态转换图

第五节　PLC 控制系统的安装、调试及维护

一、PLC 控制系统的安装

PLC 是专门为工业生产环境而设计的控制设备，具有很强的抗干扰能力，可直接用于工业环境。但也必须按照《操作手册》的说明，在规定的技术指标下进行安装、使用。一般来说应注意以下几个问题。

1. PLC 控制系统对布线的要求

电源是干扰进入 PLC 的主要途径。除在电源和接地设计中讲到的注意事项外，在具体安装施工时还要做到以下几条：

1）对 PLC 主机电源的配线，为防止受其他电器起动冲击电流的影响使电压下降，应与动力线分开配线，并保持一定距离。为防止来自电源线的干扰，电源线应使用双绞线。

2）为防止由于干扰产生误动作，接地端子必须接地。接地线必须使用 2mm^2 以上的导线。

3）输出/输入线应与动力线及其他控制线分开走线，尽量不要在同一线槽内布线。

4）对于传递模拟量的信号线应使用屏蔽线，屏蔽线的屏蔽层应一端接地。

5）因 PLC 基本单元和扩展单元间传输的信号小，频率高，易受干扰，它们之间的连接要采用厂家提供的专用连接线。

6）所有电源线、输出/输入配线必须使用压接端子或单线，多股线直接接在端子上容易引起打火。

7）系统的动力线应足够粗，以防止大容量设备起动时引起的线路压降。

2. 输出/输入对工作环境的要求

良好的工作环境是保证 PLC 控制系统正常工作、提高 PLC 使用寿命的重要因素。PLC 对工作环境的要求，一般有以下几点：

1）避免阳光直射，周围温度为 0~55℃。因此安装时，不要把 PLC 安装在高温场所，应努力避开高温发热元件；保证 PLC 周围有一定的散热空间；并按《操作手册》的要求固定安装。

2）避免相对温度急剧变化而凝结露水，相对湿度控制在 10%~90%RH，以保证 PLC 的绝缘性能。

3）避免腐蚀性气体、可燃性气体、盐分含量高的气体的侵蚀，以保证 PLC 内部电路和触点的可靠性。

4）避免灰尘、铁粉、水、油、药品粉末的污染。

5）避免强烈振动和冲击。

6）远离强干扰源，在有静电干扰、电场强度很强、有放射性的地方等，应充分考虑屏蔽措施。

二、PLC 控制系统的调试及试运行的操作

1. 调试前的操作

1）在通电前，认真检查电源线、接地线、输出/输入线是否正确连接，各接线端子螺钉是否拧紧。接线不正确或接触不良是造成设备重大损失的原因。

2）在断电情况下，将编程器或带有编程软件的 PC 等编程外围设备通过通信电缆和 PLC 的通信接口连接。

3）接通 PLC 电源，确认"POWER"电源指示 LED 点亮，并用外围设备将 PLC 的模式设定为"编程"状态。

4）用外围设备写入程序，利用外围设备的程序检查功能检查控制梯形图的错误和文法错误。

在以上过程中，可观察 PLC 指示灯的情况。根据指示灯的状态，判断故障所在。以 FX2N 系列 PLC 为例，各指示灯情况如下：

（1）"POWER" LED 指示　正常情况下，在接通 PLC 电源后，该 LED 点亮。若不亮，可卸下 PLC "+24V"端子试试看。若 LED 指示正常，表示由于传感器电源的负载短路或过大负载电流的缘故，使电源电路的保护功能起作用。此时应更换传感器或使用外接 DC24V 电源。其次应检查熔丝是否熔断，在一般情况下按《操作手册》配用的熔丝不应熔断，仅更换熔丝是不能彻底解决问题的，应与维护中心联系。

（2）"BATT. V" LED 指示　若电池电压下降，该 LED 点亮，应及时按《操作手册》要求更换电池。

(3)"PROG. E"LED 指示 在忘记设置定时器或计数器的常数、梯形图不正确、电池电压的异常下降、混入导电性异物使程序存储器的内容变化时,该 LED 闪烁。这时,应再次检验程序,检查有无异物混入,有无严重的噪声源,检查电池电压等。

(4)"CPU. E"LED 指示 该 LED 被点亮可能时由于混入导电性异物,导致 CPU 失控、运算周期超过 200ms、使用多个特殊单元设置错误或监视定时器出错等原因造成,应具体分析判断(如监视 D8012 可知道最大运行周期),排除故障。

(5)输出/输入 LED 指示 在 PLC 未进入运行状态时,所有的输出 LED 指示灯应都不亮。输入 LED 指示灯可通过相应的输入元件的通断情况,判断输入端的正常与否。

2. 调试及运行

在完成上述工作后,可进入调试及试运行阶段。按前面所述,调试分为模拟调试和联机调试。调试过程可按图 4-44 所示步骤进行。

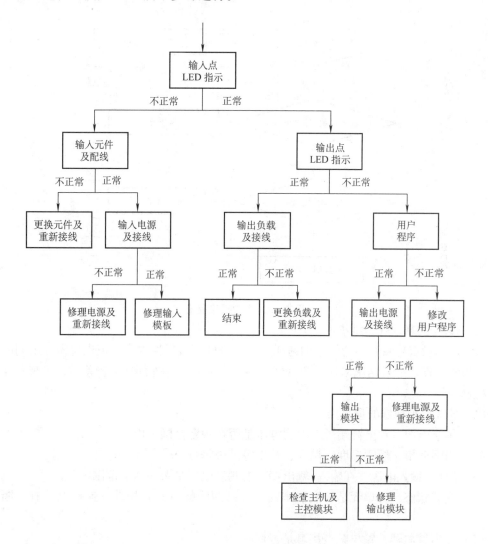

图 4-44 调试流程图

在运行中如有故障发生，可按图4-45所示流程操作，迅速排除故障。

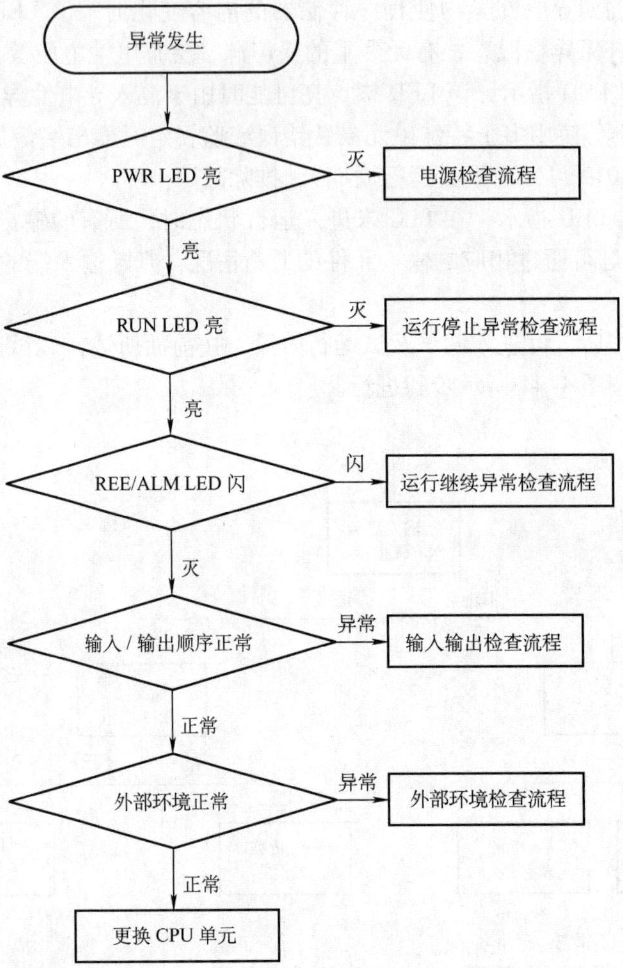

```
              异常发生
                │
                ▼
          ◇ PWR LED 亮 ◇ ──灭──→ [电源检查流程]
                │亮
                ▼
          ◇ RUN LED 亮 ◇ ──灭──→ [运行停止异常检查流程]
                │亮
                ▼
        ◇ REE/ALM LED 闪 ◇ ──闪──→ [运行继续异常检查流程]
                │灭
                ▼
        ◇ 输入/输出顺序正常 ◇ ──异常──→ [输入输出检查流程]
                │正常
                ▼
         ◇ 外部环境正常 ◇ ──异常──→ [外部环境检查流程]
                │正常
                ▼
          [更换 CPU 单元]
```

图 4-45 主检查流程图

三、PLC 控制系统的维护

PLC 内部没有导致其寿命缩短的易耗元件，因此其可靠性很高。但也应做好定期的常规维护、检修工作。一般情况以每六个月到一年一次为宜，若外部环境较差时，可视具体情况缩短检修时间。

PLC 日常维护检修的项目为：

（1）供给电源　在电源端子上检测电压是否在规定范围之内。

（2）周围环境　周围温度、湿度、粉尘等是否符号要求。

（3）输出/输入电源　在输入/输出端子上测量电压是否在基准范围内。

（4）安装状态　各单元是否安装牢固，外部配线螺钉是否松动，连接电缆有否断裂老化。

（5）输出继电器　输出触点接触是否良好。

（6）锂电池　PLC 内部锂电池寿命一般为三年，应经常注意"BATT. V" LED 指示灯的状态。

各检查流程可详见《操作手册》。

习 题

1. 简述可编程序控制器系统硬件设计和软件设计的原则和内容。
2. 控制系统中可编程序控制器所需用的 I/O 点数应如何估算?怎样节省所需 PLC 的点数?
3. PLC 选型的主要依据是什么?
4. 布置 PLC 系统电源和地线时,应注意哪些问题?
5. 如果 PLC 的输出端接有电感性元件,应采取什么措施来保证 PLC 的可靠运行?
6. 设计控制 3 台电动机 M1、M2、M3 的顺序起动和停止的程序,控制要求是:发出起动信号后 1s 后 M1 起动,M1 运行 4s 后 M2 起动,M2 运行 2s 后 M3 起动。发出停止信号 1s 后 M3 停止,M3 停止 2s 后 M2 停止,M2 停止 4s 后 M1 停止。
7. 某磨床的冷却液滤清输送系统由 3 台电动机 M1、M2、M3 驱动。在控制上应满足下列要求:
1) M1、M2 同时起动;
2) M1、M2 起动后,M3 才能起动。
3) 停止后,M3 先停,隔 2s 后,M1 和 M2 才同时停止。
试根据上述要求,设计一个 PLC 控制系统。
8. 利用 PLC 实现下列控制要求,分别设计出其梯形图。
1) 电机 M1 起动后,M2 才能起动,M2 可单独停机。
2) 电机 M1 起动后,M2 才能起动,且 M2 能实现点动。
3) 电机 M1 起动后,经过一定延时,M2 自动起动。
4) 电机 M1 起动后,经过一定延时,M2 自动起动,同时 M1 停机。
5) 电机 M1 起动后,经过一定延时,M2 才能起动,M2 起动后,经过一定延时,M1 自动停机。
9. 有一运输系统由四条运输带顺序相连而成,分别用电动机 M1、M2、M3、M4 拖动。具体要求如下:
1) 按下起动按钮后,M4 先起动,经过 10s,M3 起动,再过 10s,M2 起动,再过 10s,M1 起动。
2) 按上停止按钮,电动机的停止顺序与起动顺序刚好相反,间隔时间仍然为 10s。
3) 当某运输带电动机过载时,该运输带及前面运输带电动机立即停止,而后面运输带电动机待运完料后才停止。例如 M2 电动机过载,M1、M2 立即停,经过 10s,M4 停,在经 10s,M3 停。
试设计出满足以上要求的梯形图程序。
10. 某液压动力滑台在初始状态时停在最左边,行程开关 X000 接通。按下起动按钮 X005,动力滑台的进给运动如图 4-46 所示。工作一个循环后,返回初始位置。控制各电磁阀的 Y001~Y004 在各工步的状态如表所示。画出状态转移图,并用基本指令、步进指令分别写出梯形图。

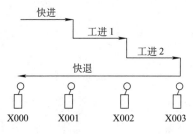

	Y001	Y002	Y003	Y004
快进		+	+	
工进 1	+	+		
工进 2		+		
快退			+	+

图 4-46 习题 10 图

11. 试编制实现下述控制功能的梯形图——用一个按钮控制组合吊灯的三档亮度:X0 闭合一次灯泡 1 点亮;闭合两次又有灯泡 2 点亮;闭合三次又有灯泡 3 点亮;再闭合一次三个灯全部熄灭。
12. 设计一个十字路口交通指挥信号灯控制系统,具体要求是:①白天南北红灯亮、东西绿灯亮→南北红灯亮,东西黄灯亮→南北绿灯亮,东西红灯亮……交替循环工作;②晚上四面黄灯闪亮;③紧急情况时，四面红灯亮。各工作方式可用开关切换。

13. 设计一只八位抢答器电路，使某一位抢答成功时，相应的指示灯亮。试画出梯形图。
14. 可编程序控制器的主要维护项目有哪些？如何更换 PLC 的备份电池？
15. 如何测试 PLC 输入端子和输出端子？

第五章 可编程序控制器网络

PLC 及其网络被公认为现代工业自动化三大支柱（PLC、机械人、CAD/CAM）技术之首。PLC 网络经过多年的发展，已成为具有 3～4 级子网的多级分布式网络。加上配置丰富的工具软件，PLC 网络已成为具有工艺流程显示、动态画面显示、趋势图生成显示、各类报表制做的多种功能系统，在 MAP 规约的带动下，可以方便地与其他网络互联。所有这一切使 PLC 网络成为 CIMS 系统非常重要的组成部分之一。

近年来，PLC 网络技术的应用愈来愈普及，与其他工业控制局域网相比，具有高性价比、高可靠性等主要特点，深受用户欢迎。本章主要介绍网络通信相关基础知识，简单介绍典型的 PLC 网络。

第一节 PLC 网络通信的基础知识

各类工业控制计算机、可编程序控制器、变频器、机器人、柔性制造系统的推广与普及以及智能设备互联与通信、数据共享、实现分散控制和集中管理，是计算机控制系统发展的大趋势。本节首先介绍网络通信的基础知识。

一、通信系统的基本结构

数据通信通常是指数字设备之间相互交换数据信息。数据通信系统的基本结构如图 5-1 所示。

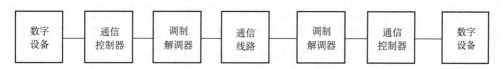

图 5-1 数据通信系统的基本结构

该系统包括四类部件：数字设备、通信控制器、调制解调器、通信线路。数字设备为信源或信宿。通信控制器负责数据传输控制，主要功能有：链路控制及同步、差错控制等。调制解调器是一种信号变换设备，完成数据与电信号之间的变换，以匹配通信线路的信道特性。通信线路又称信道，包括通信介质和有关的通信设备，是数据传输的通道。

二、通信方式

1. 并行通信与串行通信

并行通信是以字节（B）或字为单位的数据传输方式，除了 8 根或 16 根数据线、1 根公共线外，还需要通信双方联络用的控制线。并行通信的传送速度快，但是传输线的根数多、成本高，一般用于近距离的数据传送，如打印机与计算机、PC 的各种内部总线、PLC 的各种内部总线、PLC 与插在其母板上的模块之间的数据传送都采用并行通信。

串行通信是以二进制的位（bit）为单位的数据传输方式，每次只传送一位，除了公共线外，在一个数据传输方向上只需要一根信号线，这根线既作为数据线，又作为通信联络控制线，数据信号和联络信号在这根线上按位进行传送。串行通信需要的信号线少，最少的只需要两根线，适用于通信距离较远的场合，一般工业控制网络使用串行通信。

2. 异步通信与同步通信

可将串行通信分为异步通信和同步通信。

异步通信发送的字符由一个起始位、7～8个数据位、1个奇偶校验位（可以没有）和停止位（1位、1位半或两位）组成。在通信开始之前，通信的双方需要对所采用的信息格式和数据的传输速率作相同的约定。接收方检测到停止位和起始位之间的下降沿后，将它作为接收的起始点。由于一个字符中包含的位数不多，即使发送方和接收方的收发频率略有不同，也不会因两台机器之间时钟周期的积累误差而导致收发错位。异步通信传送附加的非有效信息较多，它的传输效率较低，可编程序控制器网络一般使用异步通信。

同步通信以字节为单位，每次传送1～2个同步字符、若干个数据字节和校验字符。同步字符起联络作用，用它来通知接收方开始接收数据。为了保证发送方和接收方的同步，发送方和接收方应使用同一时钟脉冲。在近距离通信时，可以在传输线中设置一根时钟信号线；在远距离通信时，可以通过调制解调方式在数据流中提取出同步信号，使接收方得到与发送方完全相同的接收时钟信号。同步通信方式只需要在数据块（往往很长）之前加一两个同步字符，所以传输效率高，但对硬件的要求较高，一般用于高速通信。

3. 单工通信方式与双工通信方式

单工通信方式只能沿单一方向发送或接收数据。如计算机与打印机、键盘之间的数据传输均属单工通信。单工通信只需要一个信道，系统简单，成本低，但由于这种结构不能实现双方交流信息，故在PLC网络中极少使用。

双工通信方式的信息可沿两个方向传送，每一个站既可以发送数据，也可以接收数据。双工通信方式又分为全双工和半双工两种方式。

全双工通信方式中，数据的发送和接收分别由两路或两组不同的数据线传送，通信的双方都能在同一时刻接收和发送信息，如图5-2所示。全双工通信方式效率高，但控制相对复杂，成本较高。PLC网络中常用的RS-422A是全双工通信方式。

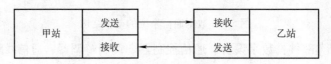

图5-2　全双工通信方式

半双工通信用同一组线接收和发送数据。通信的双方在同一时刻只能发送数据或接收数据，如图5-3所示。它具有控制简单、可靠、通信成本低等优越性，在PLC网络中应用较多。

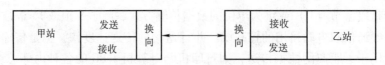

图5-3　半双工通信方式

三、通信介质

目前普遍使用的通信介质有双绞线、多股屏蔽电缆、同轴电缆和光纤电缆。

双绞线是将两根导线扭绞在一起,可以减少外部电磁干扰,如果用金属织网加以屏蔽,则抗干扰能力更强。双绞线成本低、安装简单,RS-485通信大多用此电缆。

多股屏蔽电缆是将多股导线捆在一起,再加上屏蔽层,RS-232C、RS-422A通信要用此电缆。

同轴电缆共有四层:最内层为中心导体,导体的外层为绝缘层,包着中心导体,再外层为屏蔽层,继续向外一层为表面的保护皮。同轴电缆可用于基带(50Ω电缆)传输,也可用于宽带(75Ω电缆)传输。与双绞线相比,同轴电缆传输的速率高、距离远,但成本相对要高。

光纤电缆有全塑光纤电缆APF、塑料护套光纤电缆PCF和硬塑料护套光纤电缆H-PCF。传送距离以H-PCF为最远,PCF次之,APF最短。光缆与电缆相比,价格较高、维修复杂,但抗干扰能力很强,传送距离也远。

四、介质访问控制

介质访问控制是指对网络通道占有权的管理和控制。局域网的介质访问控制有三种方式,即载波侦听多路访问/冲突检测(CSMA/CD)、令牌环(Token Ring)和令牌总线(Token Bus)。

CSMA/CD又称随机访问技术或争用技术,主要用于总线形网络。当一个站点要发送信息时,首先要侦听总线是否空闲,若空闲则立即发送,并在发送过程中继续侦听是否有冲突,若出现冲突,则发送人为干扰信号,放弃发送,延迟一定时间后,再重复发送过程。该方式在轻负载时优点比较突出,效率较高。但重负载时冲突增加,发送效率显著降低。故在PLC网络中用得较少,目前仅在Ethernet网中使用。

令牌环适用于环形网络。所谓令牌,其实是一个控制标志。网中只设一张令牌,令牌依次沿每个节点循环传送,每个节点都有平等获得令牌发送数据的机会。只有得到令牌的节点才有权发送数据。令牌有"空"和"忙"两个状态。当"空"的令牌传送至正待发送数据的节点时,该节点抓住令牌,再加上传送的数据,并置令牌"忙",形成一个数据包,传往下游节点。下游节点遇到令牌置"忙"的数据包,只能检查是否是传给自己的数据,如是,则接收,并使这个令牌置"忙"的数据包继续下传。当返回到发送源节点时,由源节点再把数据包撤消,并置令牌"空",继续循环传送。令牌传递维护的算法较简单,可实现对多站点、大数据吞吐量的管理。

令牌总线方式适用于总线形网络中。人为地给总线上的各节点规定一个顺序,各节点号从小到大排列,形成一个逻辑环,逻辑环中的控制方式类同于令牌环。

五、数据传输形式

通信网络中的数据传输形式基本上可分为两种:基带传输和频带传输。

基带传输是利用通信介质的整个带宽进行信号传送,即按照数字波形的原样在信道上传输,它要求信道具有较宽的通频带。基带传输不需要调制和解调,设备花费少,可靠性高,但通道利用率低,长距离传输衰减大,适用于较小范围的数据传输。

频带传输是一种采用调制、解调技术的传输形式。在发送端,采用调制手段,对数字信号进行某种变换,将代表数据的二进制"1"和"0",变换成具有一定频带范围的模拟信号,以适应在模拟信道上传输。在接收端通过解调手段进行相反变换,把模拟的调制信号复原为"1"或"0"。频带传输把通信信道以不同的载频划分成若干通道,在同一通信介质上同时传送多路信号。具有调制、解调功能的装置称为调制解调器，即 Modem。

由于 PLC 网络使用范围有限，故现在 PLC 网络大多采用基带传输。

六、校验

在数据传输过程中，由于干扰而引起误码是难免的，所以通信中的误码控制能力就成为衡量一个通信系统质量的重要内容。在数据传输过程中，发现错误的过程叫检错。发现错误之后，消除错误的过程叫纠错。在基本通信控制规程中一般采用奇偶校验或方阵码检错，以反馈重发方式纠错。在高级通信控制规程中一般采用循环冗余码（CRC）检错，以自动纠错方式纠错。CRC 校验具有很强的检错能力，并可以用集成芯片电路实现，是目前计算机通信中使用最普遍的校验码之一，PLC 网络中广泛使用 CRC 校验码。

七、数据通信的主要技术指标

1. 波特率

通信波特率是指单位时间内传输的信息量。信息量的单位可以是比特（bit），也可以是字节（byte）；时间单位可以是秒、分甚至小时等。

2. 误码率

误码率 $P_c = N_c/N$。N 为传输的码元（一位二进制符号）数，N_c 为错误码元数。在数字网络通信系统中，一般要求 P_c 为 $10^{-5} \sim 10^{-9}$，甚至更小。

第二节　典型 PLC 网络

一、A－B 的 PLC 网络

A－B 公司是美国最大的 PLC 及其网络产品制造商，A－B 产品的特点是处理器模块从小到大规格齐全，配套的功能模块各式各样、系列完整，特别是它所提供的特殊功能模块与智能模块品种丰富，同时还提供品质优良的多种工具软件。

由图 5-4 可以看到它的主体结构为三级复合型拓扑结构（总线/总线逻辑环/总线）。其高层为信息管理网络，实现工厂级管理功能。其最低一层为 DeviceNet 网，实现现场控制功能。中间一层为 DH＋网，实现过程监控功能。DH 网、DHD 网、DH485 网与 DH＋网一样都属于中间层，进行过程监控，只是由它们联网的主要 PLC 系列不同而已。

二、西门子的 PLC 网络

西门子 S7 系列 PLC 在功能与性能上比 S5 PLC 有许多发展与改变，但是 S7 的 PLC 网络与 S5 的 PLC 网络比较，变化不大。S7 系列的两个核心 PLC 网络为工业以太网与 PROFIBUS 现场总线，它们与 S5 系列的 SINEC－H1 网及 SINEC－L2 本质上是相同的，只不过 S7 系列更突出了 PROFIBUS 现场总线的使用而已。

西门子的 SIMATIC S5 系列可编程序控制器网络的概况如图 5-5 所示，它提供八种 PLC 网络。它们是：远程 I/O 系统、SINEC－L2、SINEC－L2F0、SINEC－L1、SINEC－H1、SINEC－H1F0、SINEC－MAP 及 SINEC－H2B。这八种 PLC 网络中，SINEC－H1 与 SINEC－H1F0 为同一种网，SINEC－L2、SINEC－L2F0 为同一种网，只不过采用的通信介质不同而已，因此真正独立的 PLC 网络为六种。

在工厂企业中最常使用的是这六种中的四种。在早几年的 S5 系列可编程序控制器组成的 PLC 网络控制系统中，常由 SINEC－H1、SINEC－L1 及远程 I/O 系统三级子网构成复合

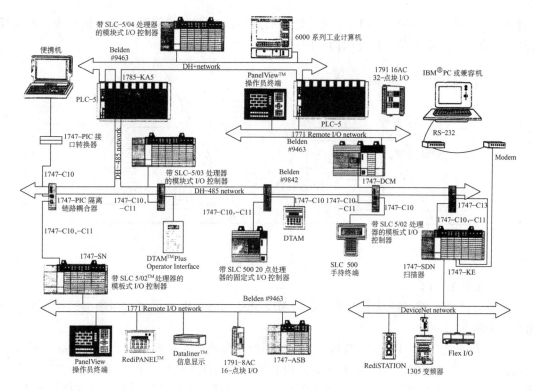

图 5-4　A－B 公司的复合型结构 PLC 网络

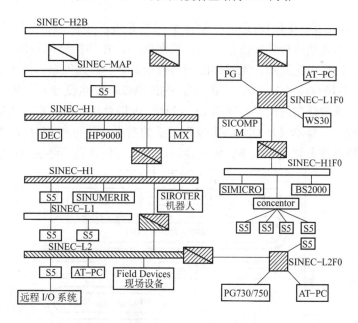

图 5-5　西门子的 SIMATIC S5 系列可编程序控制器网络

结构，实现西门子的四层金字塔，如图 5-6a 所示。而近年来的 S5 系列 PLC 控制系统则常由 SINEC－H1、SINEC－L2 及远程 I/O 系统三级干网构成复合结构，来实现西门子的四层生产金字塔，如图 5-6b 所示。SINEC－MAP 网、SINEC－H2B 网都用于高层，是为实现标准化互联研制的管理网。其中 SINEC－MAP 网是按 MAP3.0 规约的七层协议建立，适用于高层与其他的 MAP 网互连。SINEC – H2B 网也是按七层协议建立，其下层采用令牌总线，而高层采用 AP 协议，本质上是一种专用协议网。

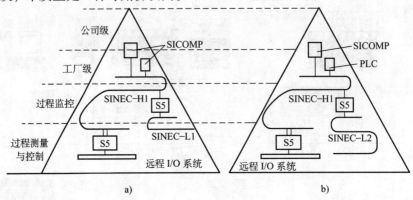

图 5-6　常用的 S5 PLC 网络结构

三、三菱的 PLC 网络

三菱公司 PLC 网络继承了传统使用的 MELSEC 网络，提供了层次清晰的三层网络，如图 5-7 所示。

（1）管理层/ETHERNET　管理层为网络系统中最高层，主要是在 PLC、设备管理用 PC 之间传输生产管理信息、质量管理信息及设备的运转情况等数据，管理层使用最普遍的以太网，它不仅能够连接 Windows 系统的 PC、UNIX 系统的工作站等，而且还能连接各种 FA 设备。

（2）控制层/MELSECNET/10（H）　是整个网络系统的中间层，在是 PLC、CNC 等控制设备之间方便且高速地进行处理数据互传的控制网络。作为控制网络的 MELSECNET/10，具有实时性良好，网络设定简单，无程序的网络数据共享，以及冗余回路等优点。

（3）设备层/现场总线 CC – LINK　设备层是把 PLC 等控制设备和传感器以及驱动设备连接为整个网络系统最低层的网络。采用 CC – LINK 现场总线连接，布线数量大大减少，提高了系统可维护性。而且不只是 ON/OFF 等开关量的数据，还可连接 ID 系统、条形码阅读器、变频器、人机界面等智能化设备，完成各种数据的通信，直到终端生产信息的管理。

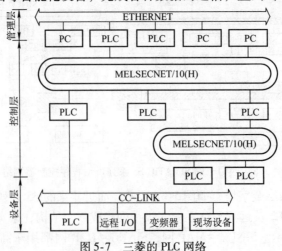

图 5-7　三菱的 PLC 网络

习 题

1. 并行和串行通信方式各有何特点？PLC 网络通信一般采用哪种通信方式？为什么？
2. 数据传送中常用的校验方法有哪几种？各有什么特点？
3. 工业局域网介质访问控制常见有哪几种？它们各具有何特点？
4. 基带传输为什么要对数据进行编码？
5. A-B 的 PLC 有哪几种网络？各有什么特点？
6. 西门子的 PLC 有哪几种网络？各有什么特点？
7. 三菱的 PLC 有哪几种网络？各有什么特点？

附　录

附录 A　FX2N 系列 PLC 的规格

表 A-1　特殊扩展设备一览表

区分	型号	名称	占有点数		耗电
			输入	输出	DC5V
特殊功能板	FX2N-8AV-BD	容量适配器	—	—	20mA
	FX2N-422-BD	RS-422 通信板	—	—	60mA
	FX2N-485-BD	RS-485 通信板	—	—	60mA
	FX2N-232-BD	RS-232 通信板	—	—	20mA
	FX2N-CNT-BD	FX0N 用适配器连接板	—	—	
特殊模块	FX0N-3A	2CH 模拟输入、1CH 模拟输出	—	8	—	30mA
	FX0N-16NT	M-NET/MINI（绞合导线）	8	8	20mA
	FX2N-4AD	4CH 模拟输入、模拟输出	—	8	—	30mA
	FX2N-4DA	4CH 模拟输出	—	8	—	30mA
	FX2N-4AD-PT	4CH 温度传感器输入	—	8	—	30mA
	FX2N-4AD-TC	4CH 温度传感器输入（热电偶）	—	8	—	30mA
	FX2N-IHC	50kHz 两相调整计数器	—	8	—	90mA
	FX2N-IPG	100kpps 脉冲输出模块	—	8	—	55mA
	FX2N-232IF	RS-232 通信接口	—	8	—	40mA
	FX-16NP	M-NET/MINI 用（光纤）	16	8	80mA
	FX-16NT	M-NET/MINI 用（绞合导线）	16	8	80mA
	FX-16NP-S3	M-NET/NINT-S3 用（光纤）	8	8	8	80mA
	FX-16NT-S3	M-NET/NINT-S3 用（绞合导线）	8	8	8	80mA
	FX-2DA	2CH 模拟输出	—	8	—	30mA
	FX-4DA	4CH 模拟输出	—	8	—	30mA
	FX-4AD	4CH 模拟输入	—	8	—	30mA
	FX-2AD-PT	2CH 温度输入（PT-100）	—	8	—	30mA
	FX-4AD-TC	4CH 传感器输入（热电偶）	—	8	—	40mA
	FX-IHC	50kHz 两相高速计数器	—	8	—	70mA
	FX-IPG	100kpps 脉冲输出块	—	8	—	55mA
	FX-IDIF	IDIF 接口	8	8	8	130mA
特殊单元	FX-IGM	定位脉冲输出单元（1 轴）	—	8	—	自给
	FX-10GM	定位脉冲输出单元（1 轴）	—	8	—	自给
	FX-20GM	定位脉冲输出单元（2 轴）	—	8	—	自给

表 A-2 输入性能规格

项　　目	DC 输入	DC 输入
机型	（AC 电源型）FX2N 基本单元	扩展模块、扩展单元用
输入信号电压	DC24V ± 10%	DC24V ± 10%
输入信号电流	7mA/DC24V（X010 以后 5mA/DC24V）	5mA/，DC24V
输入 ON 电流	4.5mA 以上（X010 以后 3.5mA/DC24V）	3.5mA 以上
输入 OFF 电流	1.5mA 以下（X010 以后 1.5mA/DC24V）	1.5mA 以上
输入应答时间	约 10ms X000 ~ X017 内含数字滤波器，可在 20 ~ 60ms 内转换，但最小 50μs	约 10ms
输入信号形式	接点输入或 NPN 开路集电极晶体管	
输入电路绝缘	光耦合绝缘	
输入动作表示	输入连接时 LED 灯亮	

表 A-3 输出性能规格

项　　目		继电器输出	双向晶闸管开关元件输出	晶体管输出
机型		FX2N 基本单元、扩展单元、扩展模块	FX2N 基本单元、扩展模块	FX2N 基本单元、扩展单元、扩展模块
内部电源		AC250V 以下	AC85 ~ 242V	DC5 ~ 30V
电路绝缘		机械的绝缘	光控晶闸管绝缘	光耦合器绝缘
动作指示		继电器线圈通电时 LED 灯亮	光控晶闸管驱动时 LED 灯亮	光耦合器驱动时 LED 灯亮
最大负载	电阻负载	2A/1 点 8A/4 点公用 8A/8 点公用	0.3A/1 点 0.8A/4 点	0.5A/1 点 0.8A/4 点 1.6A/8 点（Y0、Y1 以外） 0.3A/1 点（Y0、Y1）
	电感性负载	80V·A	15V·A/AC100V、30V·A/AC200V（50V·A/AC100V、100V·A/AC200V）	12W/DC24V（Y0、Y1 以外） 7.2W/DC24V（Y0、Y1）
	灯负载	100W	30W（100W）	1.5W/DC24V（Y0、Y1 以外） 0.9W/DC24V（Y0、Y1）
开路漏电流			1mA/AC100V 2mA/AC200V	0.1mA/DC30V
最小负载		DC5V、2mA 参考值	0.4V·A/AC100V 1.6V·A/AC200V	
响应时间	OFF→ON	约 10ms	1ms 以下	0.2ms 以下　15μs（Y0、Y1 时）
	ON→OFF	约 10ms	10ms 以下	0.2ms 以下　30μs（Y0、Y1 时）

表 A-4 基本技术性能规格

项 目		FX2N 系列
运算控制方式		存储程序反复运算方式（专用 LSI），中断命令
输入输出控制方式		批处理方式（执行 END 指令时）有 I/O 刷新指令
程序语言		继电器符号 + 步进梯形图方式（可用 SFC 表示）
程序存储器	最大存储容量	16 步（含注释文件寄存器最大 16KB），有键盘保护功能
	内置存储器容量	8K 步 RAM，电池寿命：约 5 年，使用 RAM 卡盒约 3 年
	可选存储卡	RAM 8KB，EEPROM 4KB/8KB/16KB，EPROM 8KB
指令种类	顺控步进梯形图	顺控指令 27 条，步进梯形图指令 2 条
	应用指令	128 种，298 个
运算处理速度	基本指令	0.08μs/指令
	应用指令	1.52 ~ 数百微秒/指令
输入输出点数	扩展并用输入点数	X000 ~ X267　184 点（8 进制编号）
	扩展并用输出点数	Y000 ~ Y267　184 点（8 进制编号）
	扩展并用总点数	256 点
输入继电器　输出继电器		（见表 2-5，表 2-6）
辅助继电器	一般用①	M0 ~ M499　500 点
	保持用②	M500 ~ M1023　524 点
	保持用③	M1024 ~ M3071　2048 点
	特殊用	M8000 ~ M8255　156 点
状态寄存器	初始化	S0 ~ S9　10 点
	一般用①	S10 ~ S499　490 点
	保持用②	S500 ~ S899　400 点
	信号用③	S900 ~ S999　100 点
定时器	100ms	T0 ~ T199　200 点　（0.1 ~ 3276.7s）
	10ms	T200 ~ T245　46 点　（0.01 ~ 327.67s）
	1ms 乘法型③	T246 ~ T249　4 点　（0.001 ~ 32.767s）
	100ms 乘法型③	T250 ~ T255　6 点　（0.1 ~ 3276.7s）
计数器	16 位向上①	C0 ~ C99　100 点　（0 ~ 32767 计数）
	16 位向上②	C100 ~ C199　100 点　（0 ~ 32767 计数）
	32 位双向①	C200 ~ C219　20 点　（-2147483648 ~ 2147483647 计数）
	32 位双向②	C220 ~ C234　15 点　（-2147483648 ~ 2147483647 计数）
	32 位高速双向②	C235 ~ C255 中的 6 点　（响应频率参见使用说明）
数据寄存器（使用 1 对时用 32 位）	16 位通用①	D0 ~ D199　200 点
	16 位保持用②	D200 ~ D511　312 点
	16 位保持用③	D512 ~ D7999　7488 点（D1000 以后可以 500 点为单位设置文件寄存器）
	16 位保持用	D8000 ~ D8195　106 点
	16 位保持用	V0 ~ V7　Z0 ~ Z7　16 点

(续)

项 目			FX2N 系列
指针	JAMP，CALL 分支用		P0 ~ P127 128
	输入中断，计时中断		I0□□ ~ I8□□ 9 点
	计数中断		I010 ~ I060 6 点
嵌套	主控		N0 ~ N7 8 点
常数	10 进制（K）		16 位：-32768 ~ 32767 32 位：-2147483648 ~ 2147483647
	16 进制（H）		16 位：0 ~ FFFF 32 位：0 ~ FFFFFFFF

① 非电池后备区，通过参数设置可改为电池后备区；
② 电池后备区，通过参数设置可改为非电池后备区；
③ 电池后备固定区，区域特性不可改变。

表 A-5　电源规格

项目		FX2N-32M FX2N-32E	FX2N-32M FX2N-32E	FX2N-48M FX2N-48E	FX2N-64M	FX2N-80M	FX2N-128M
额定电压		AC100 ~ 240V					
电压允许范围		AC85 ~ 264V					
额定频率		50/60Hz					
允许瞬间 断电时间		10ms 以内的瞬间断电，机器继续运行。 当电源电压为 200V 系列时，通过用户程序可将其改为 10 - 100ms					
电源熔丝		250V 3A φ5×20mm			250V 5A φ5×20mm		
耗电量/V·A		30	40	50	60	70	100
冲击电流		最大 40A 5ms 以下/AC100V　最大 60A 5ms 以下/AC200V					
传感器 电源	无扩展模块	DC24V 250mA 以下			DC24V 460mA 以下		
	有扩展模块	（参见扩展模块）					

表 A-6　环境规格

环境温度	0 ~ 55℃　动作时　-20 ~ 70℃　保存时
相对湿度	35% ~ 85%RH（不结露）　动作时
抗振动	符合 JIS C0911、0 ~ 55Hz 5mm（最大 2G）　3 轴向各 2 小时
抗冲击	符合 JIS C0912 10G 3 轴向各 3 次
抗噪声	噪声电压 1000V（峰-峰值）　噪声宽 1μs　周期 30 ~ 100Hz 的噪声模拟器
耐压	AC1500V 1min　　　　　　　　　　　全部端子和接地端子之间
绝缘电阻	DC500V 欧姆表量 在 5MΩ 以上
接地	不可与强电系统通用接地
工作环境	不要腐蚀性、可燃性气体，导电性尘埃不严重

附录B 三菱FX2N系列和欧姆龙CP1H系列常用指令对照表

功 能	FX2N指令	CP1H指令
取	LD	LD
取反	LDI	LDNOT
与	AND	AND
与非	ANI	ANDNOT
或	OR	OR
或非	ORI	ORNOT
块与	ANB	ANDLD
块或	ORB	ORLD
上沿脉冲监测	LDP、ORP、ANDP	@LD、@OR、@AND
下沿脉冲监测	LDF、ORF、ANDF	%LD、%OR、%AND
上沿脉冲输出	PLS	DIFU
下沿脉冲输出	PLP	DIFD
主控	MC	IL
主控复位	MCR	ILC
置位	SET	SET
复位	RST	RSET
进栈	MPS	使用暂存继电器 TR0-TR7
读栈	MRD	
出栈	MPP	
输出	OUT	OUT
空操作	NOP	NOP
结束	END	END
跳转开始	CJ	JMP
跳转结束	标号	JME
比较	CMP	CMP
传送	MOV	MOV
移位	SFTL、SFTR	SFT、SFTR
二进制加法	ADD	+
二进制减法	SUB	-
步进	STL、RET	STEP、SNXT

附录C FXGP/WIN-C编程软件的应用

一、菜单功能

FXGP/WIN-C是基于WINDOWS平台的FX系列PLC编程软件，功能齐全。它具有对FX各系列的PLC进行程序编写、编辑、运行、监控、打印等功能。所有功能以菜单形式出现。其菜单见表C-1。

表 C-1　FXGP/WIN–C 编程软件菜单

文件	新文件		遥控	调制解调器	
	打开			记录文件	
	关闭打开		监控/测试	开始监控	
	保存			动态监视器	
	另存为			进入元件监控	
	打印			元件监控	
	全部打印			强制 Y 输出	
	页面设置			强制 ON/OFF	
	打印预览			改变当前值	
	打印机设置			改变设置值	
编辑	撤消键入			显示监控数据的变化值	
	剪切		窗口	视窗顺排	
	复制			窗口水平排列	
	粘贴			窗口垂直排列	
	删除			刷新	
	行删除			到指定地址	
	行插入			改变元件地址	
	块选择			改变触点类型	
	元件名			交换元件地址	
	元件注释			标签设置	
	线圈注释			标签跳过	
	程序块注释		视图	梯形图	
	编辑取消			指令表	
工具	触点			SFC（S）	
	线圈			注释视图	
	功能			寄存器	
	连线			工具栏	
	全部清除			状态栏	
	转换			功能键	
查找	到顶			功能图	
	到底		PLC	传送	读入
	元件名查找				写出
遥控	连接	至 PLC			核对
		文件传送		寄存器数据传送	读入
	断开				写出
	文件传送	发送			核对
		接收		PLC 存贮器清除	

PLC	串行口设置		选项	串行口设置	
	PLC 当前口令或删除			打印文件题头	
	运行中程序更改			元件范围设置	
	遥控运行/停止			注释移动	
	PLC 诊断			改变 PLC 类型	
	采样跟踪	参数设置		选择	
		运行		EPROM 传送	配置
		从文件中读取			读入
		结果显示			写出
		写入结果文件			核对
选项	程序检查		帮助	索引	
	参数设置			如何使用帮助	
	口令设置			关于 SWOPC – FXGP/WIN – C	
	PLC 类型设置				

二、软件使用

采用 FXGP – WIN – C 编程软件的编程方法如下:

1) 按图 C-1 进入 FXGP – WIN – C 编程软件界面。

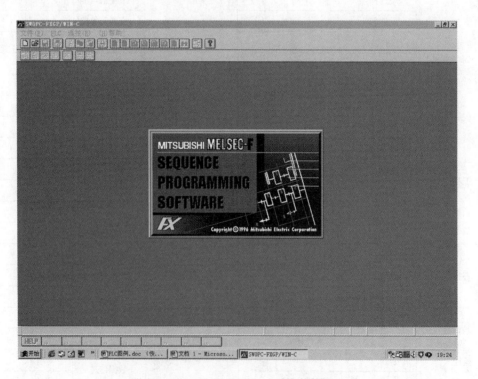

图 C-1　进入 FXGP – WIN – C 编程软件界面

2) 如图 C-2 所示,选择 PLC 类型为 FX2N,单击"确认"。

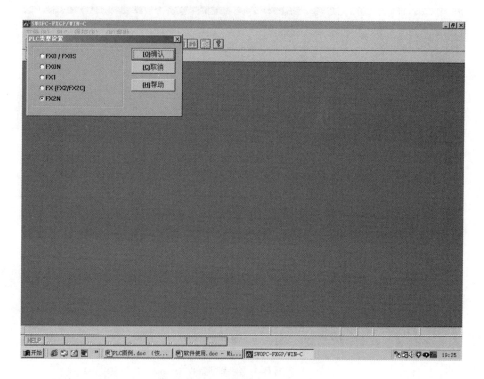

图 C-2 选择 PLC 类型

3) 开始进入编程界面, 如图 C-3 或图 C-4 所示。

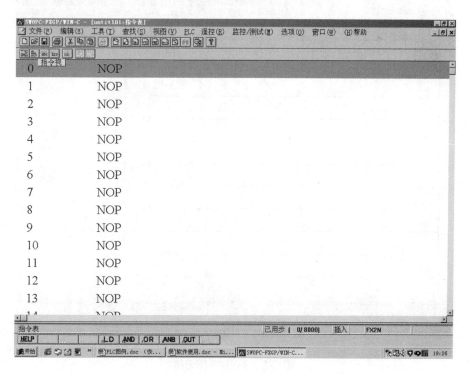

图 C-3 编程界面

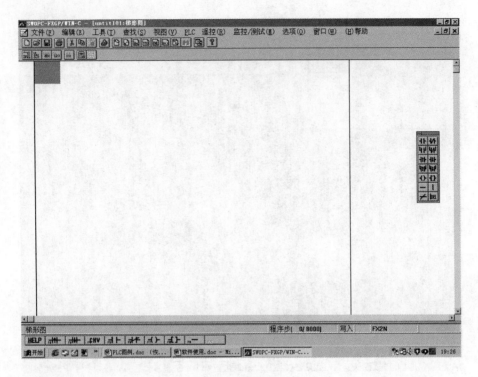

图 C-4　编程界面

4）采用梯形图编程如图 C-5 所示。

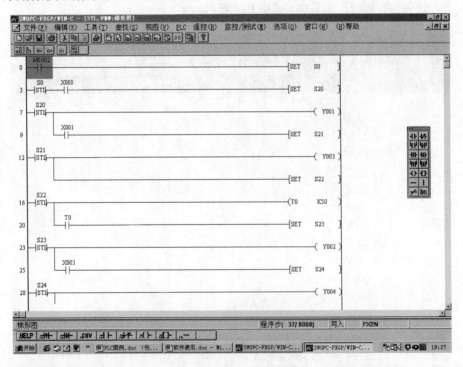

图 C-5　采用梯形图编程

5）采用指令表编程如图 C-6 所示。

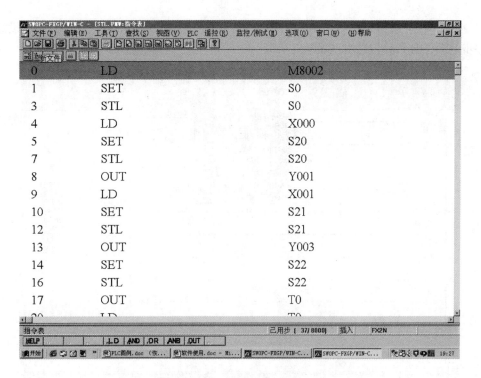

图 C-6　采用指令表编程

6）编程结束，将结果用适当的文件名存盘，如图 C-7 所示，并可在存盘时给文件加上文件题头名。

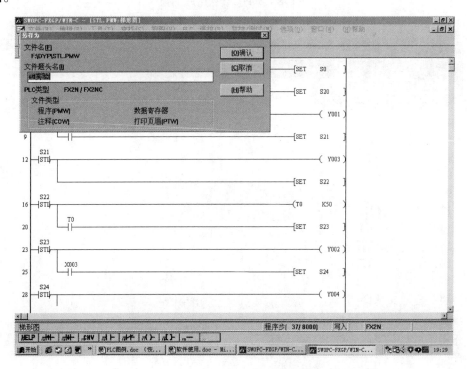

图 C-7　给文件加上文件题头名

7) 在菜单栏上选择"PLC"→"传送"→"写出",如图 C-8 所示,并按图 C-9 设定传送的程序步范围,向 PLC 传送用户程序。

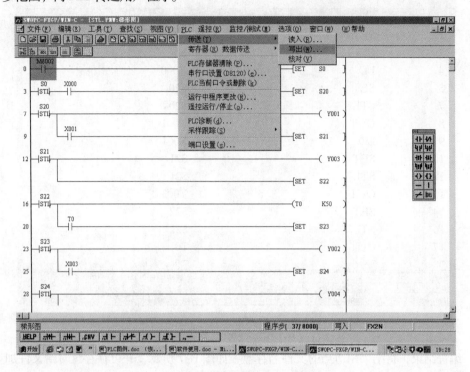

图 C-8　向 PLC 传送用户程序

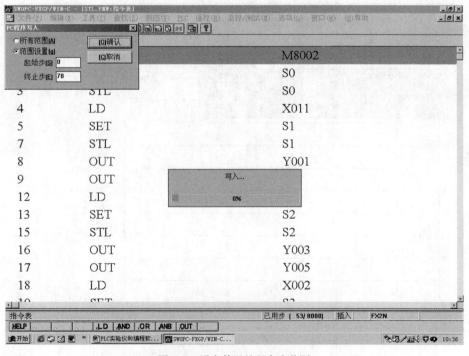

图 C-9　设定传送的程序步范围

8）传送结束后，选择菜单栏上“PLC”—“遥控运行/停止”，使 PLC 进入运行状态。这时，可操作 PLC 实验仪上的按钮，观察输出 LED 的状况，也利用“监控”功能，在计算机屏幕上观察程序运行的情况，检查用户程序的正确与否。

9）若用户程序不正确，应中止“运行”，修改程序，直到正确为止。

附录 D　GX Developer 编程软件的应用

一、菜单功能

GX Developer 是较 FXGP/WIN－C 更新的编程软件，具有很强的网络功能，是目前常用的编程软件，所有功能以菜单形式出现，还有许多方便实用的工具条。其菜单如图 D-1 所示。

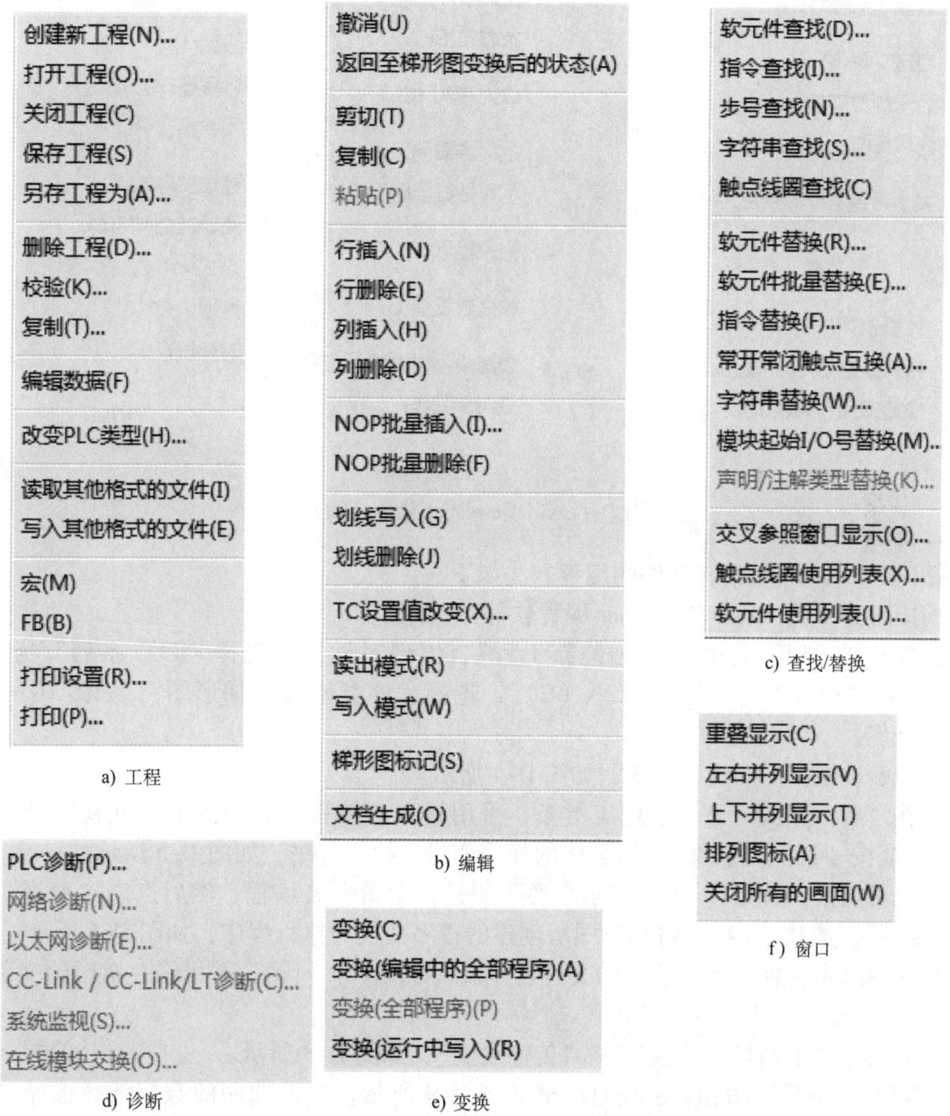

a) 工程　b) 编辑　c) 查找/替换　d) 诊断　e) 变换　f) 窗口

图 D-1　GX Developer 菜单

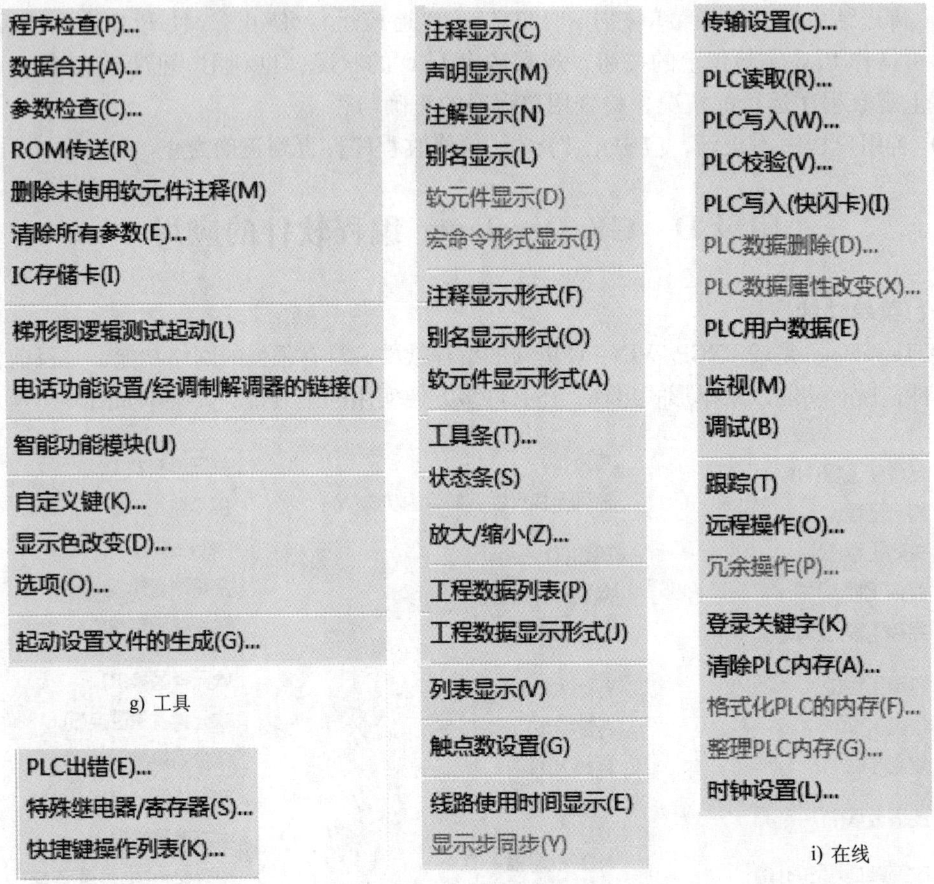

程序检查(P)...	注释显示(C)	传输设置(C)...
数据合并(A)...	声明显示(M)	PLC读取(R)...
参数检查(C)...	注解显示(N)	PLC写入(W)...
ROM传送(R)	别名显示(L)	PLC校验(V)...
删除未使用软元件注释(M)	软元件显示(D)	PLC写入(快闪卡)(I)
清除所有参数(E)...	宏命令形式显示(I)	PLC数据删除(D)...
IC存储卡(I)		PLC数据属性改变(X)...
梯形图逻辑测试起动(L)	注释显示形式(F)	PLC用户数据(E)
电话功能设置/经调制解调器的链接(T)	别名显示形式(O)	监视(M)
智能功能模块(U)	软元件显示形式(A)	调试(B)
	工具条(T)...	
自定义键(K)...	状态条(S)	跟踪(T)
显示色改变(D)...	放大/缩小(Z)...	远程操作(O)...
选项(O)...	工程数据列表(P)	冗余操作(P)...
起动设置文件的生成(G)...	工程数据显示形式(J)	登录关键字(K)
	列表显示(V)	清除PLC内存(A)...

g) 工具

| PLC出错(E)... |
| 特殊继电器/寄存器(S)... |
| 快捷键操作列表(K)... |

触点数设置(G)	格式化PLC的内存(F)...
线路使用时间显示(E)	整理PLC内存(G)...
显示步同步(Y)	时钟设置(L)...

i) 在线

j) 帮助

h) 显示

图 D-1　GX Developer 菜单（续）

二、软件使用

采用 GX Developer 编程软件的编程方法如下：

1）按图 D-2 进入 GX Developer 编程软件开始界面。

2）选择"工程"菜单，"创建新工程"，出现对话框，选择"PLC 系列"为"FX-CPU"，选择"PLC 类型"为"FX2N（C）"，选择程序类型为"梯形图"，如图 D-3 所示，然后"确定"。

3）开始进入梯形图编程界面，如图 D-4 所示。

4）在"写入模式"下，利用工具条，采用梯形图编程，然后点击"变换"菜单中的"变换"，或按"F4"，将梯形图所创建的程序变换为执行程序，如图 D-5 所示。

5）也可点击"梯形图/列表显示切换"图标，用指令表编程，然后点击"变换"菜单中的"变换"，或按"F4"，将梯形图所创建的程序变换为执行程序，如图 D-6 所示。

6）编程结束，将结果用适当的文件名存盘，如图 D-7 所示，并可在存盘时给文件加上索引。

7）在菜单栏上选择"在线"→"传输设置"，如图 D-8 所示。

8）双击"串行"图标，出现对话框如图 D-9 所示，根据选用的数据线，选择"RS – 232C"或"USB"，根据数据线在计算机的接口位置，选择"COM 端口"，再选择传输速度，通常为9.6Kbit/s，最后"确认"。

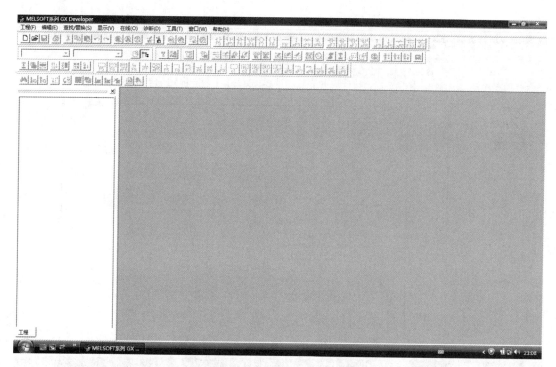

图 D-2 GX Developer 编程软件开始界面

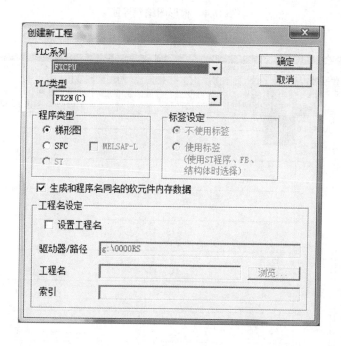

图 D-3 "创建新工程"对话框

9) 串口设置正确与否,可点击"通信测试"图标,若设置正常,会出现连接成功的对话框,如图 D-10 所示,然后再"确认"。

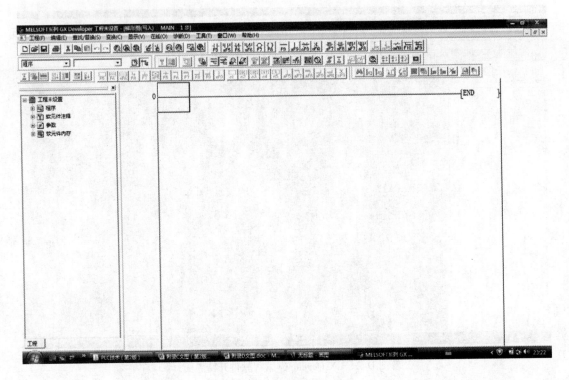

图 D-4　梯形图编程界面

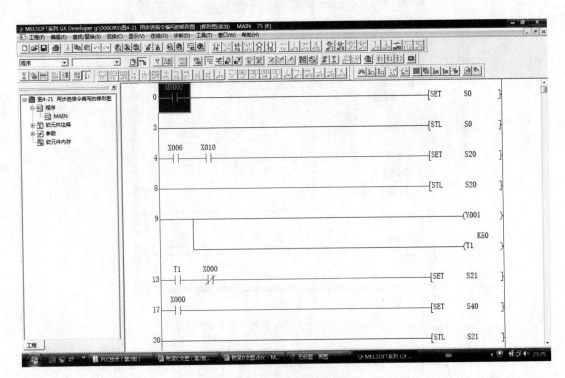

图 D-5　编写的梯形图

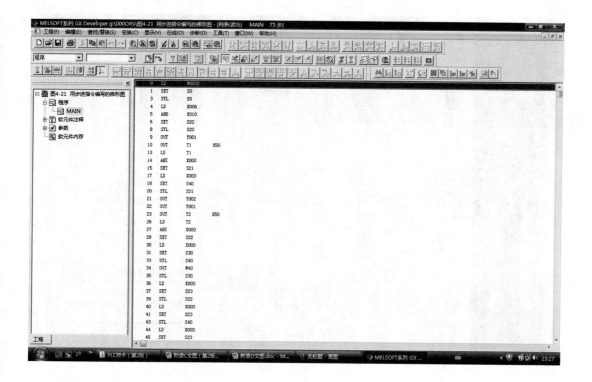

图 D-6　编写的指令表

图 D-7　存盘

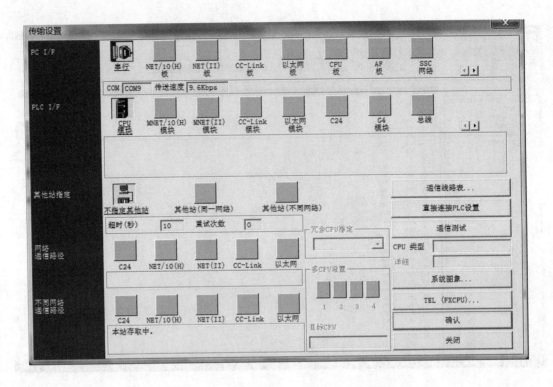

图 D-8　传输设置

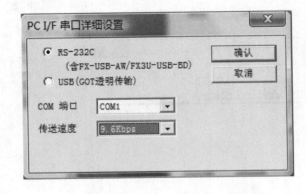

图 D-9　串口设置

图 D-10　串口设置正确

10）在菜单上选择"在线"→"PLC 写入"，出现对话框如图 D-11 所示，选择程序"MAIN"，设定传送的程序步范围，向 PLC 传送用户程序，如图 D-12 所示。

11）传送结束后，利用 PLC 上的 STOP/RUN 切换开关，或点击菜单"在线"→"远程操作"，如图 D-13 所示，使 PLC 进入运行状态。

12）可操作连接在 PLC 输入端的按钮或开关，观察输出 LED 的状况，也可利用"监视模式"功能，在计算机屏幕上观察程序运行的情况，检查用户程序的正确与否，如图 D-14 所示。

13）若用户程序不正确，应中止"运行"，修改程序，直到正确为止。

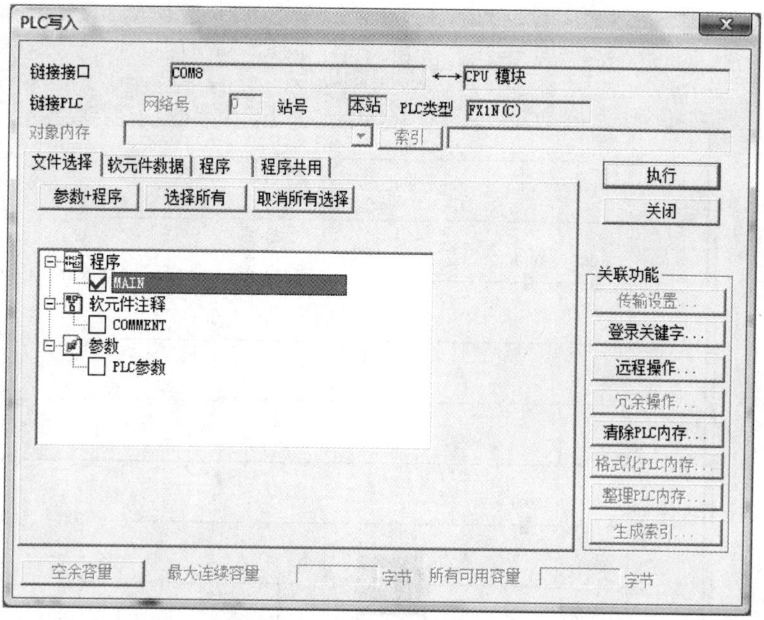

图 D-11　写入程序

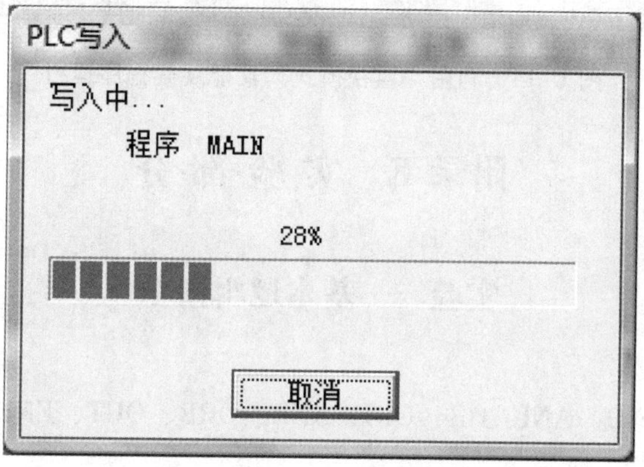

图 D-12　程序写入中

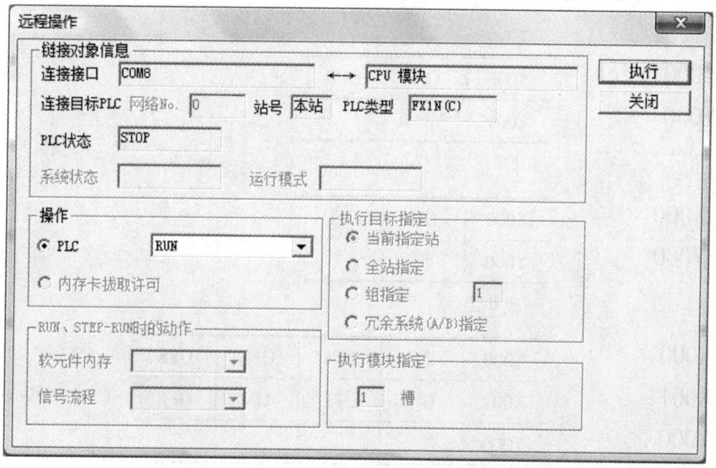

图 D-13　远程操作，使 PLC 进入运行状态

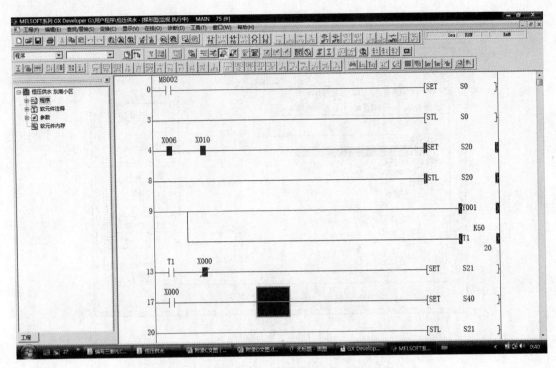

图 D-14 利用"监视模式"功能观察程序运行

附录 E 实验部分

实验一 基本逻辑指令

一、实验目的

熟悉 LD、LDI、AND、ANI、OR、ORI、ANB、ORB、OUT、END 指令。

二、实验内容

输入以下指令,将运行结果填入表内。

(1) LD   X000
　　OUT   Y000

X000	ON	OFF
Y000		

(2) LDI   X000
　　OUT   Y000

X000	ON	OFF
Y000		

(3) LD   X000
　　AND   X001
　　OUT   Y000

X000	ON	OFF	OFF	OFF
X001	ON	OFF	ON	OFF
Y000				

(4) LD   X000
    OR   X001
    OUT   Y000

X000	ON	ON	OFF	OFF
X001	ON	OFF	ON	OFF
Y000				

(5) LD   X000
    ANI   X001
    OUT   Y000

X000	ON	ON	OFF	OFF
X001	ON	OFF	ON	OFF
Y000				

(6) LD   X000
    ORI   X001
    OUT   Y000

X000	ON	ON	OFF	OFF
X001	ON	OFF	ON	ON
Y000				

(7) LD   X000
    AND   X001
    LD   X002
    AND   X003
    ORB
    OUT   Y000

X000、X001	全 ON	全 OFF	一个 OFF	全 OFF
X002、X003	全 OFF	全 ON	全 OFF	一个 OFF
Y000				

(8) LD   X000
    OR   X001
    LD   X002
    OR   X003
    ANB
    OUT   Y000

X000、X001	全 ON	全 OFF	一个 OFF	全 OFF
X002、X003	全 OFF	全 ON	全 OFF	一个 OFF
Y000				

(9) LD   X000
    OR   X001
    AND   X002
    OUT   Y000

X000	ON	ON	ON	ON	OFF	OFF	OFF	OFF
X001	ON	ON	OFF	OFF	ON	ON	OFF	OFF
X002	ON	OFF	ON	OFF	ON	OFF	ON	OFF
Y000								

(10) LDI   X000
     AND   X001
     OR   X002
     OUT   Y000

X000	ON	ON	ON	ON	OFF	OFF	OFF	OFF
X001	ON	ON	OFF	OFF	ON	ON	OFF	OFF
X002	ON	OFF	ON	OFF	ON	OFF	ON	OFF
Y000								

实验二 脉冲和位置、复位指令

一、实验目的
熟悉 LDP、LDF、ANDP、ANDF、ORP、ORF、PLS、PLF、SET、RST 指令。

二、实验内容
输入如下指令，转换成梯形图，变换输入状态，描述运行结果。

(1) LDP　X000　　　　运行结果：
　　OUT　Y000

(2) LDP　X000　　　　运行结果：
　　SET　Y000

(3) LD　　X000　　　　运行结果：
　　ANDF　X001
　　OUT　Y000

(4) LD　　X000　　　　运行结果：
　　ORF　X001
　　OUT　Y000

(5) LDP　X000　　　　运行结果：
　　SET　Y000
　　LDF　X001
　　RST　Y000
　　END

(6) LD　　X000　　　　运行结果：
　　PLS　M0
　　LDI　X001
　　PLF　M1
　　LD　　M0
　　SET　Y001
　　LD　　M1
　　RST　Y001

实验三 存储、主控和跳转指令

一、实验目的
熟悉 MPS、MRD、MPP、MC、MCR、CJ 指令。

二、实验内容

（一）输入如下指令，转换成梯形图，变换输入状态，描述运行结果。

(1) 　LD　　　X006　　　　MRD　　　　　　　　运行结果：
　　　MPS　　　　　　　　　AND　　X001
　　　AND　　　X007　　　　OUT　　Y006
　　　OUT　　　Y004　　　　MPP
　　　MRD　　　　　　　　　AND　　X002
　　　AND　　　X000　　　　OUT　　Y007
　　　OUT　　　Y005

(2) 　LD　　　X000　　　　　　　　　　　　　　运行结果：
　　　MPS
　　　LD　　　X001
　　　OR　　　X002
　　　ANB
　　　OUT　　　Y000
　　　MPP
　　　LD　　　X003
　　　AND　　　X004
　　　LD　　　X005
　　　AND　　　X006
　　　ORB
　　　ANB
　　　OUT　　　Y001

（二）输入如下梯形图，比较其运行结果，及指令表的情况。

(1)

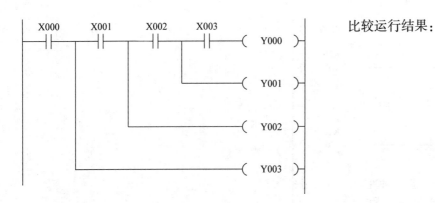

比较运行结果：

(2)

```
   X000
───┤├─────────────────────────( Y003 )
        X001
        ┤├───────────────────( Y002 )
             X002
             ┤├──────────────( Y001 )
                  X003
                  ┤├─────────( Y000 )
```

（三）输入如下梯形图，比较其运行结果。

(1)

```
    X000
────┤├──────────[ CJ    P8 ]
    X001
────┤├──────────────────( Y000 )
    X002                  K20
────┤├──────────────────( T0 )
    X003
────┤├──────────[ RST   C0 ]
    X004                  K10
────┤├──────────────────( C0 )
P8  X005
────┤├──────────────────( Y001 )
```

比较运行结果：

(2)

```
    X000
────┤├──────────[ MC   N0   M100 ]
    X001
────┤├──────────────────( Y000 )
    X002                  K20
────┤├──────────────────( T0 )
    X003
────┤├──────────[ RST   C0 ]
    X004                  K10
────┤├──────────────────( C0 )
                [ MCR   N0 ]
    X005
────┤├──────────────────( Y001 )
```

实验四 定时器和计数器

一、实验目的
熟悉定时器和计数器的应用。

二、实验内容
（一）输入如下梯形图（见图 E-1、图 E-2、图 E-3、图 E-4），观察运行结果，画出波形图。

（1）

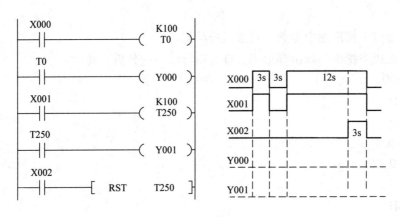

图 E-1

（2）

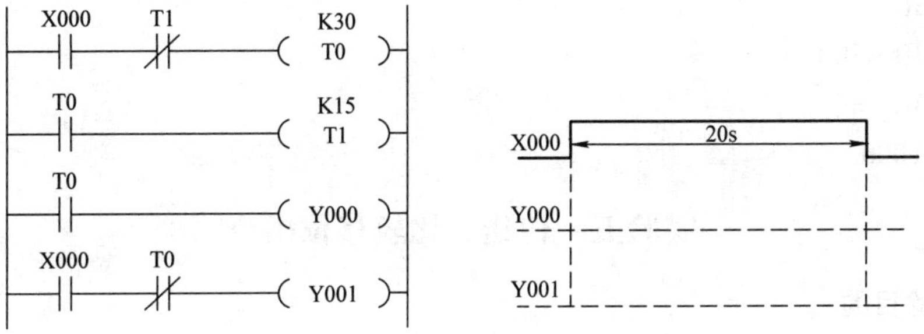

图 E-2

（3）

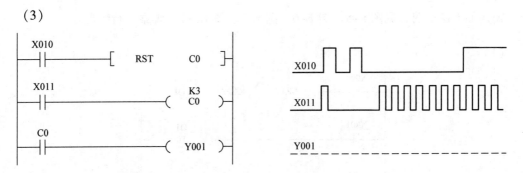

图 E-3

（4）

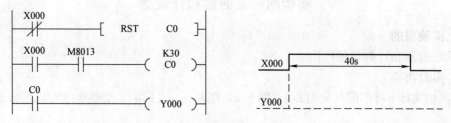

图 E-4

（二）改变以上梯形图中参数，观察运行结果。

（三）输入以下指令，画出梯形图，查看运行结果，分析其功能。

LD　　X001
OR　　M1
RST　　C0
LD　　X000
OUT　　C0 K6
LD　　C0
OR　　M1
ANI　　T0
OUT　　M1
LD　　M1
OUT　　T0 K100
LD　　M1
OUT　　Y000

实验五　传送、比较移位指令

一、实验目的

熟悉 MOV、CMP、SFTR、SFTL 指令。

二、实验内容

输入如下梯形图（见图 E-5、图 E-6、图 E-7、图 E-8），观察运行情况。

（1）

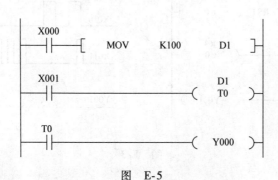

图 E-5

(2) 若将 MOV 改为 MOVP, 观察运行结果。

(3)

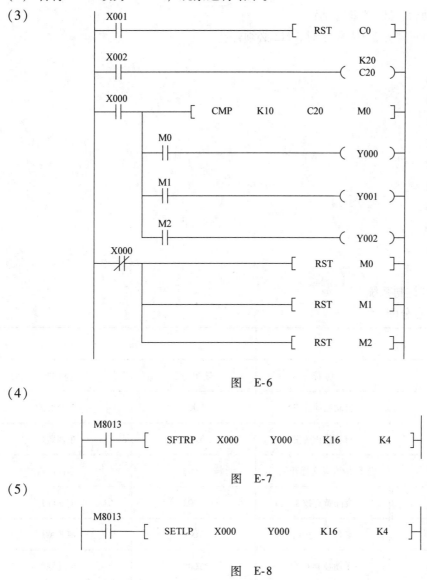

图 E-6

(4)

```
M8013
──┤├──[ SFTRP   X000   Y000   K16   K4 ]
```

图 E-7

(5)

```
M8013
──┤├──[ SETLP   X000   Y000   K16   K4 ]
```

图 E-8

实验六　简单程序设计

一、实验目的

通过实验加深对应用程序设计方法的认识。

二、实验内容

（一）两个电动机的连锁控制

1. 硬件接线

SB1、SB2 分别为电动机 M1 的起动、停止按钮，接入 X000、X001；SB3、SB4 分别为电动机 M2 的起动停止按钮，接入 X002、X003。所有按钮均为常开。接触器 KM1、KM2 的主触点分别控制电动机 M1、M2，接触器线圈分别接 Y000、Y001。

2. 控制要求

(1) M1 起动后,M2 才能起动;

(2) M2 可自行停止,M1 停止时,M2 必须停止。

3. 控制程序

LD　　X000
OR　　Y000
ANI　　X001
OUT　　Y000
LD　　X002
OR　　Y001
ANI　　X003
AND　　Y000
OUT　　Y001
END

(二) 交通灯控制系统

1. 输入输出点分配

输入		输出	
输入点	功能	输出点	功能
X000	自动起动按钮	Y000	东西红灯
X001	自动停止按钮	Y001	东西黄灯
X002	手动/自动选择开关	Y002	东西绿灯
X003	夜间黄灯按钮	Y003	南北红灯
X004	紧急红灯按钮	Y004	南北黄灯
X005	手动控制开关	Y005	南北绿灯

2. 控制要求

1) 自动状态时,(常开触点 X002 闭合),按下起动按钮,能按照东西红灯亮,南北绿灯亮→东西红灯亮,南北黄灯亮→东西绿灯亮,南北红灯亮→东西黄灯亮,南北红灯亮→东西红灯亮,南北绿灯亮……循环动作。按下停止按钮,解除自动状态,全部不亮。

2) 按下夜间黄灯按钮,四面黄灯闪烁。按下停止按钮,解除夜间状态。

3) 在手动状态时(常开触点 X002 断开),由 X005 控制交通,常开触点 X005 闭合,南北红灯亮,东西绿灯亮,常开触点断开时,南北绿灯亮,东西红灯亮。

4) 在任何时间,只要按下紧急红灯按钮,四面红灯全亮,按停止按钮时,能解除紧急状态。

3. 控制实现指令表如下,画出梯形图,说明其功能。输入程序,调试试运行。

0	LD	X004	31	AND	T2	62	OR	M4
1	OR	M10	32	OR	M3	63	OR	M10
2	ANI	X001	33	ANI	M4	64	OUT	Y003
3	OUT	M10	34	OUT	M3	65	LD	M12
4	LD	X002	35	LD	M3	66	AND	M8013
5	OR	X003	36	AND	T3	67	OR	M2
6	ANI	M10	37	OR	M4	68	OUT	Y004
7	ANI	X001	38	ANI	M1	69	LDI	X002
8	OUT	M11	39	OUT	M4	70	AND	X005
9	LD	X003	40	MCR	N0	71	ANI	M10
10	OR	M12	42	LDI	X002	72	OR	M1
11	AND	M11	43	AND	X005	73	OUT	Y005
12	ANI	X001	44	ANI	M10	74	LD	M1
13	OUT	M12	47	OR	M1	75	OUT	T1
14	LD	M11	46	OR	M2			K100
15	ANI	M12	47	OR	M10	78	LD	M2
16	MC	N0	48	OUT	Y000	79	OUT	T2
		M101	49	LD	M12			K30
19	LD	M4	50	AND	M8013	82	LD	M3
20	AND	T4	51	OR	M4	83	OUT	T3
21	OR	X000	52	OUT	Y001			K200
22	OR	M1	53	LDI	X002	86	LD	M4
23	ANI	M2	54	ANI	X005	87	OUT	T4
24	OUT	M1	55	ANI	M10			K40
25	LD	M1	56	OR	M3	90	END	
26	AND	T1	57	OUT	Y002			
27	OR	M2	58	LDI	X002			
28	ANI	M3	59	ANI	X005			
29	OUT	M2	60	ANI	M10			
30	LD	M2	61	OR	M3			

参 考 文 献

[1] 戴一平. 可编程序控制器逻辑控制案例［M］. 北京：高等教育出版社，2007.
[2] 宋伯生. PLC 编程理论·算法及技巧［M］. 北京：机械工业出版社，2006.
[3] 施永. PLC 操作技能［M］. 北京：中国劳动社会保障出版社，2006.
[4] 戴一平. 可编程控制器技术及应用［M］. 北京：机械工业出版社，2004.
[5] 孙平. 可编程控制器原理及应用［M］. 北京：高等教育出版社，2003.
[6] 邓则名，邝穗芳，程良伦. 电器与可编程控制器应用技术［M］. 北京：机械工业出版社，2002.
[7] 徐世许. 可编程序控制器原理应用网络［M］. 合肥：中国科学技术大学出版社，2000.
[8] 齐从谦，王士兰. PLC 技术及应用［M］. 北京：机械工业出版社，2000.
[9] 邱公伟. 可编程控制器网络通信及应用［M］. 北京：清华大学出版社，2000.
[10] 廖常初. 现场总线的特点与发展趋势［J］. 电气时代，2001，(11).
[11] FX1S, FX1N, FX2N, FX2NC 系列编程手册.
[12] GX Developer Ver 8 操作手册.
[13] FX2N 系列微型可编程控制器使用手册.